ISO統合
マネジメント
システムの構築と
内部監査の実践

ISO 9001・ISO 14001・ISO/IEC 27001 対応

福丸 典芳 著

日科技連

本書は、ISO 9001 規格、ISO 14001 規格、ISO/IEC 27001 規格などという表記で
規格条文を掲載していますが、それぞれ JIS Q 9001 規格、JIS Q 14001 規格、JIS Q
27001 などからの引用です。また、JIS Q 9001 規格、JIS Q 14001 規格、JIS Q
27001 などを引用するに当たり、(一財)日本規格協会の標準化推進事業に協賛して
います。なお、これらは必要に応じて JIS 規格票を参照してください。

まえがき

　ISO では分野別のマネジメントシステム（以下、MS）規格が開発されているため、組織は各種の MS 規格に対し、別々に対応せざるを得ない状況であった。この理由として、規格の構造や規定されている内容が同じ要素で構成されながら、分野別の MS 規格で相違していたことが挙げられ、このために MS の統合が進んでいなかった。

　この状況を解決するために、2012 年に『ISO/IEC 専門業務用指針第 1 部』「統合版 ISO 補足指針― ISO 専用手順」（附属書 SL）が開発され、これに基づいて分野別の MS 規格が開発されることになった（**第 1 章の図 1.2 を参照**）。これに伴い、ISO/IEC 27001「情報技術―セキュリティ技術―情報セキュリティマネジメントシステム―要求事項」が2013 年に、ISO 9001「品質マネジメントシステム―要求事項」と ISO 14001「環境マネジメントシステム―要求事項及び利用の手引」がそれぞれ 2015 年に改訂されたことで、これらの規格を適用していた組織では、品質マネジメントシステム（QMS）、環境マネジメントシステム（EMS）、情報セキュリティマネジメントシステム（ISMS）のすべてを統合する対応が推進できるようになった。

　これらの MS は事業プロセスと一体化して運営管理することが効果的で効率的になる。また、これらを個別に運営するのではなく、組織が適用している品質、環境及び情報セキュリティなどに関する MS を統合することで、管理コストを大幅に低減できる。

　このためには、附属書 SL に着目した統合 MS の仕組みを構築することが大切であり、構築に当たっては、統合 MS マニュアルを作成し、これに基づいて統合 MS を運営管理し、この活動を内部監査で評価する必要がある。したがって、組織は、「統合 MS とは何か」「統合 MS マニュ

アルはどのような構造にすべきか」、更に、「統合 MS の内部監査はどのように実施すべきか」を事前に検討することで有効な統合 MS の運営管理を行うことができる。このため、統合 MS の改善に当たっては、統合する QMS、EMS、及び ISMS に関する要素に関して、内部監査員の知識及び監査技術を維持向上することがカギとなるので、組織は本書に基づいて統合 MS を構築し、運営管理するとともに効果的で効率的な内部監査を実施することを推奨する。

　本書の構成は、統合 MS の運営管理方法についてまとめたものになっている。

　第 1 章は統合マネジメントシステムの構築、第 2 章は統合マネジメントシステム構築の実際、第 3 章は内部監査の基本、第 4 章は内部監査技術とその適用例、第 5 章は要求事項の意図に着目した監査方法、第 6 章は統合マネジメントシステムの内部監査の実践方法、第 7 章は統合マネジメントシステムの構築や運用に関する Q & A について解説している。

　また、本書は、統合 MS の効果的なマニュアル作成方法と内部監査員の力量及び実践方法について記述しているので、社内教育や自己啓発にも活用できるようになっている。

　本書の出版に当たり、日科技連出版社の戸羽節文社長及び田中延志氏には多くの助言をいただき心から感謝申し上げる。

2018 年 6 月

福丸　典芳

目　　次

まえがき ……………………………………………………………………… iii

第 1 章　統合マネジメントシステムの構築 …………………………… 1
1.1　統合マネジメントシステムとは ……………………………… 2
1.2　統合マネジメントシステム構築のメリットと注意すべ
き点 ……………………………………………………………10
1.3　統合マネジメントシステムの審査 …………………………17

第 2 章　統合マネジメントシステム構築の実際 ………………………19
2.1　統合マネジメントシステムマニュアルの構造 …………20
2.2　要求事項中心の作成方法と事例 ……………………………23
2.3　プロセス中心の作成方法と事例 ……………………………32

第 3 章　内部監査の基本 ……………………………………………………51
3.1　ISO 19011 の内部監査プログラム …………………………52
3.2　監査の原則 ……………………………………………………53
3.3　内部監査の目的、仕組み及び心構え ………………………59
3.4　監査で考慮すべき附属書 SL の特徴 ………………………61

第 4 章　内部監査技術とその適用例 ……………………………………69
4.1　内部監査員の力量 ……………………………………………70
4.2　観察技術 ………………………………………………………72
4.3　サンプリング技術 ……………………………………………76

vi 目　次

4.4　質問技術 …………………………………………………81
4.5　チェックシートの作成技術 ……………………………87
4.6　評価技術 …………………………………………………90
4.7　記録技術 …………………………………………………92
4.8　有効性評価技術 …………………………………………99
4.9　是正処置評価技術 ………………………………………110
4.10　プロセスアプローチ技術 ………………………………118

第5章　要求事項の意図に着目した監査方法 ……………………127

第6章　統合マネジメントシステムの内部監査の実践方法 ……143
6.1　プロセスごとの質問とその意図 ………………………144
6.2　監査結果の強み・弱み分析の方法 ……………………160

第7章　統合マネジメントシステムの構築・運用に関する Q&A …………………………………………………………165

引用・参考文献 …………………………………………………185
索　　引 …………………………………………………………187

第1章

統合マネジメントシステムの構築

1.1 統合マネジメントシステムとは

(1) 統合マネジメントシステム構築の背景

　組織は、品質(Quality)、環境(Environment)、情報セキュリティ(Information Security)などの経営要素について、個別のマネジメントシステム(以下、MS)で運営管理しているわけではなく、これらの経営要素を総合的に運営管理し、組織の目的に沿った事業活動を行っている。このため、組織がこれらのMS規格ごとに第三者認証を受けている場合には、個々のMSを別々に運営管理するよりも、認証取得している個々のMSを統合して運営管理するほうが効果的で効率的になることは言うまでもない(**図1.1**、**図1.2**)。

　このことは、ISO 9001(JIS Q 9001):2015「品質マネジメントシステム―要求事項」(以下、ISO 9001)の「0.4　他のマネジメントシステム規格との関係」に、次頁のように規定されていることからも理解できる。

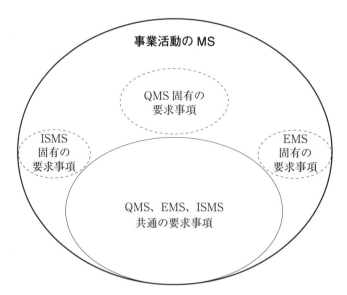

図1.1　事業活動とQMS、EMS及びISMSとの関係

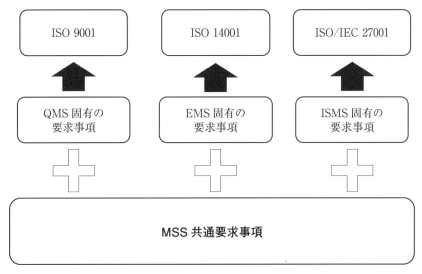

図 1.2　分野別規格と共通要求事項の関係

> **ISO 9001(JIS Q 9001)：2015 規格**
>
> **0.4　他のマネジメントシステム規格との関係**
>   …(中略)…
>   この規格は、組織が、品質マネジメントシステムを他のマネジメントシステム規格の要求事項に合わせたり、又は統合したりするために、PDCA サイクル及びリスクに基づく考え方と併せてプロセスアプローチを用いることができるようにしている。

　この考え方に基づいて個々の MS を認証取得し、それを維持するのではなく、QMS、EMS、ISMS を統合することが組織の事業運営にとって有効である。なぜならば、これらの MS を統合すると次に示す利点があるためである。
　　• 事業計画の展開と個々の MS における運営管理の整合性が高まり、事業活動との一体化が図られる。

4　第 1 章　統合マネジメントシステムの構築

- 各 MS の推進事務局、内部監査及びマネジメントレビューなどに関して統合による効率化が図られる。
- 統合審査への対応が可能となる。
- 要員のマネジメントに関する理解が高まる。

　「まえがき」でも述べたが、MS 規格の統合が進まなかった状況があったので、2012 年に MS 規格の共通化を規定する『ISO/IEC 専門業務用指針　第 1 部』が開発され、そのなかの「統合版 ISO 補足指針― ISO 専用手順　附属書 SL」(以下、附属書 SL)に基づいて統合 MS の構築が推進できる環境が整った。

　「附属書 SL」と ISO 9001、ISO 14001(JIS Q 14001):2015「環境マネジメントシステム―要求事項及び利用の手引」(以下、ISO 14001)、ISO/IEC 27001:2014(JIS Q 27001:2015)「情報技術―セキュリティ技術―情報セキュリティマネジメントシステム―要求事項」(以下、ISO/IEC 27001)との関係を表 1.1 に示す。

表 1.1　附属書 SL と ISO 9001、ISO 14001 及び ISO/IEC 27001 との関係

附属書 SL	ISO 9001	ISO 14001	ISO/IEC 27001
4.　組織の状況	4.　組織の状況	4.　組織の状況	4.　組織の状況
4.1　組織及びその状況の理解	4.1　組織及びその状況の理解	4.1　組織及びその状況の理解	4.1　組織及びその状況の理解
4.2　利害関係者のニーズ及び期待の理解	4.2　利害関係者のニーズ及び期待の理解	4.2　利害関係者のニーズ及び期待の理解	4.2　利害関係者のニーズ及び期待の理解
4.3　XXX マネジメントシステムの適用範囲の決定	4.3　品質マネジメントシステムの適用範囲の決定	4.3　環境マネジメントシステムの適用範囲の決定	4.3　情報セキュリティマネジメントシステムの適用範囲の決定
4.4　XXX マネジメントシステム	4.4　品質マネジメントシステム及びそのプロセス	4.4　環境マネジメントシステム	4.4　情報セキュリティマネジメントシステム

1.1 統合マネジメントシステムとは 5

表 1.1 つづき 1

附属書 SL	ISO 9001	ISO 14001	ISO/IEC 27001
5. リーダーシップ 5.1 リーダーシップ及びコミットメント 5.2 方針 5.3 組織の役割、責任及び権限	5. リーダーシップ 5.1 リーダーシップ及びコミットメント 5.2 方針 5.2.1 品質方針の確立 5.2.2 品質方針の伝達 5.3 組織の役割、責任及び権限	5. リーダーシップ 5.1 リーダーシップ及びコミットメント 5.2 環境方針 5.3 組織の役割、責任及び権限	5. リーダーシップ 5.1 リーダーシップ及びコミットメント 5.2 方針 5.3 組織の役割、責任及び権限
6. 計画 6.1 リスク及び機会への対応 6.2 XXX目的及びそれを達成するための計画策定	6. 計画 6.1 リスク及び機会への取組み 6.2 品質目標及びそれを達成するための計画策定 6.3 変更の計画	6. 計画 6.1 リスク及び機会への取組み 6.1.1 一般 6.1.2 環境側面 6.1.3 順守義務 6.1.4 取組みの計画策定 6.2 環境目標及びそれを達成するための計画策定	6. 計画 6.1 リスク及び機会に対処する活動 6.1.1 一般 6.1.2 情報セキュリティリスクアセスメント 6.1.3 情報セキュリティリスク対応 6.2 情報セキュリティ目的及びそれを達成するための計画策定
7 支援 7.1 資源 7.2 力量 7.3 認識 7.4 コミュニケーション 7.5 文書化した情報	7 支援 7.1 資源 7.1.1 一般 7.1.2 人々 7.1.3 インフラストラクチャ 7.1.4 プロセ	7. 支援 7.1 資源 7.2 力量 7.3 認識 7.4 コミュニケーション 7.4.1 一般 7.4.2 内部コ	7. 支援 7.1 資源 7.2 力量 7.3 認識 7.4 コミュニケーション 7.5 文書化した情報

6　第1章　統合マネジメントシステムの構築

表1.1　つづき2

附属書 SL	ISO 9001	ISO 14001	ISO/IEC 27001
	スの運用に関する環境 7.1.5　監視及び測定のための資源 7.1.6　組織の知識 7.2　力量 7.3　認識 7.4　コミュニケーション 7.5　文書化した情報	ミュニケーション 7.4.3　外部コミュニケーション 7.5　文書化した情報	
8.　運用 　8.1　運用の計画及び管理	8.　運用 　8.1　運用の計画及び管理 　8.2　製品及びサービスに関する要求事項 　8.3　製品及びサービスの設計・開発 　8.4　外部から提供されるプロセス、製品及びサービスの管理 　8.5　製造及びサービス提供 　8.6　製品及びサービスのリリース 　8.7　不適合なアウトプットの管理	8.　運用 　8.1　運用の計画及び管理 　8.2　緊急事態への準備及び対応	8.　運用 　8.1　運用の計画及び管理 　8.2　情報セキュリティリスクアセスメント 　8.3　情報セキュリティリスク対応
9.　パフォーマンス評価	9.　パフォーマンス評価	9.　パフォーマンス評価	9.　パフォーマンス評価

表1.1 つづき3

附属書 SL	ISO 9001	ISO 14001	ISO/IEC 27001
9.1 監視、測定、分析及び評価 9.2 内部監査 9.3 マネジメントレビュー	9.1 監視、測定、分析及び評価 9.1.1 一般 9.1.2 顧客満足 9.1.3 分析及び評価 9.2 内部監査 9.3 マネジメントレビュー 9.3.1 一般 9.3.2 マネジメントレビューへのインプット 9.3.3 マネジメントレビューからのアウトプット	9.1 監視、測定、分析及び評価 9.1.1 一般 9.1.2 順守評価 9.2 内部監査 9.3 マネジメントレビュー	9.1 監視、測定、分析及び評価 9.2 内部監査 9.3 マネジメントレビュー
10. 改善 10.1 不適合及び是正処置 10.2 継続的改善	10. 改善 10.1 一般 10.2 不適合及び是正処置 10.3 継続的改善	10. 改善 10.1 一般 10.2 不適合及び是正処置 10.3 継続的改善	10. 改善 10.1 不適合及び是正処置 10.2 継続的改善

　以上のように、「附属書 SL」で MS の要求事項が明確にされ、これをベースにして各 MS 固有の要求事項が作成されているので、これらのMS を統合することが容易になった。

(2) 統合マネジメントシステム構築の必要性

　「組織の MS の活動はどのような仕組みで行われているか」を考えてみよう。組織の MS には**図1.3**に示すように多くのプロセスがある。こ

8　第1章　統合マネジメントシステムの構築

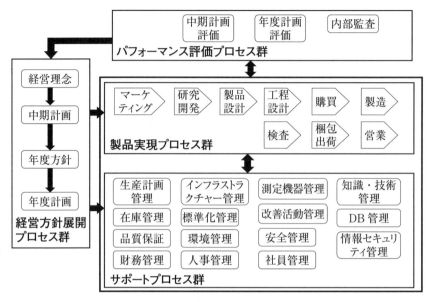

図1.3　MSのプロセス（例）

のプロセスを稼働させるためには、まず、インプットが必要であり、このインプットを使用して決められた活動を行うと、その結果としてのアウトプットへつながる。これらのプロセスに順序及び相互作用があることで一つのMSが構成される。

　図1.3を製品・サービスの品質の側面から見ると、製品・サービスに関する要求事項がインプットとなる。品質保証活動では、このインプットを使用して製品・サービスを作り込むための多くのプロセスがあり、その結果としてのアウトプット（製品・サービス）を顧客に提供している。

　図1.3を環境の側面から見ると、組織活動の結果を得るために環境に影響を与える資源としてエネルギーなどのインプットがある。このとき、その資源を使用するプロセスの結果として環境に影響を与えるアウトプットがあり、それを管理する活動がある。

図 1.3 を情報セキュリティの側面から見ると、事業活動を行うための情報資産としてのインプット、情報セキュリティのためのプロセスの結果として情報セキュリティに影響を与えるアウトプットがあり、それを管理する活動がある。

このように、製品・サービスの品質、環境及び情報セキュリティに関する要素を個別に管理することは非効率的となるので、これらの要素を一体化して運営管理することが組織にとっては望ましい。

(3) 統合の考え方

統合 MS の考え方は単に各 MS の統合を行う前に、まず具体的な事業運営という観点で考えると理解しやすい。組織は、製品・サービスを通じて顧客及び利害関係者(組織の人々、供給者・パートナ、株主、社会)に価値を提供し、組織の価値を高めるために、組織の MS を構築し、維持している。また、組織環境の変化に対応するために継続的な改善・革新も行っている。

これらの組織活動を行うためには、効果的で効率的な組織の MS を構築する必要がある。このためには「組織がどのような能力をもつべきなのか」を検討したうえで、必要な能力を確保することが大切である。

一方、組織の MS は、顧客及びその他の利害関係者と強い関連がある。このため、製品・サービス提供という観点を基軸とした QMS を設計し、これらをサポートする他の MS を統合できれば効果的かつ効率的な組織の MS を運営管理し、組織の目標を達成することが可能となる。

QMS は EMS 及び ISMS と比べて製品実現のプロセスが規定されているので、多くの要求事項への対応が必要となる。このため、統合の骨格となる MS を QMS とし統合 MS を構築することが効果的である。

1.2 統合マネジメントシステム構築のメリットと注意すべき点

個々の MS の統合に当たっての課題とその解決法は次のとおりである。

(1) 組織体制

一般的に ISO に関係する MS の推進事務局は、該当する MS ごとに組織化されている場合が多い。例えば、「ISO 9001 の事務局は品質保証部門、ISO 14001 の事務局は環境管理部門、ISO/IEC 27001 は情報システム部門が担当している」というようにである。このため、MS として共通的な要素(MS の計画、マネジメントレビュー、内部監査、文書管理、教育・訓練など)が別々の活動になり、組織全体として非効率的な運営管理になっている場合がある。

しかし、品質の担当部門、環境の担当部門、情報セキュリティの担当部門を統合するとなると、部門間のしがらみがあって同一の組織にすることが困難な場合が多い。この課題を解決するには、経営者が「コストのかからない統合 MS の運営管理を行いたい」という意思を明確にすることが大切である。より具体的には、組織全体の MS の推進事務局を設置することが重要である。例えば、個々の MS を一体化するために、MS 推進室などのような組織体制を構築することで、これからも ISO 化される MS 規格に対応する担当部門を取り込むことが可能になり、拡張性が出てくる。また、この組織を経営者の直轄組織とすれば経営者の認識を高めることにもつながる。

(2) 統合 MS マニュアルの構造及び作成手順

一般に、組織の品質、環境及び情報セキュリティなどに関するマニュアルは、該当する MS ごとに作成されている。しかし、これらの MS を統合するためには、それぞれの要求事項の意図を満たす仕組みを構築

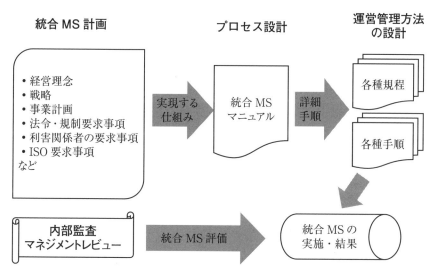

図 1.4 統合 MS マニュアルの考え方

し、それを統合 MS マニュアルとして作成することが望ましい。

統合 MS マニュアルは、統合 MS の基本的な活動について記述し、詳細な手順は各種規程や各種手順で明確にする。これに基づいて統合 MS に関する活動を実施し、その結果を内部監査やマネジメントレビューで評価するという P(Plan) D(Do) C(Check) A(Act) サイクルを回すことが大切である(**図 1.4**)。

したがって、統合 MS マニュアル作成に当たっては、組織の品質、環境及び情報セキュリティに関する業務に着目し、次の手順に基づいて行うと効果的である。

(手順1) 品質マニュアルのレビュー

最新版の品質マニュアルに記載されている要素をレビューする。レビューでは効率についても考慮する。

(手順2) 環境マニュアルのレビュー
　最新版の環境マニュアルに記載されている要素をレビューする。

(手順3) 情報セキュリティマニュアルのレビュー
　最新版の情報セキュリティマニュアルに記載されている要素をレビューする。

　(手順1)～(手順3)のレビューにおけるポイントの例は、次のとおりである。
- 必要以上のことを書きすぎてはいないか。あるいは、レビューが不十分な事項はないか。
- 規格のままの表現を流用してはいないか。相手に伝わるわかりやすい表現になっているか。

(手順4) 品質、環境及び情報セキュリティに共通している要素の統合
　品質、環境及び情報セキュリティ環境に共通している要求事項に対応する仕組みをすべて品質に整合させる。

(手順5) 統合 MS の構造の設計
　組織の事業運営の形態に沿った MS の構造を明確にする。

(手順6) 統合 MS マニュアルの作成
　(手順5)で定めた統合 MS の構造に基づいて、(手順1)～(手順4)の内容を含めた統合 MS マニュアルを作成する。このため、統合 MS マニュアルの項番は、ISO 9001、ISO 14001、ISO/IEC 27001 それぞれの要求事項の箇条順番どおりにはならず、業務の流れを考慮したものとなる。

（手順7） 統合MSマニュアルのレビュー

　作成した統合MSマニュアルとISO 9001、ISO 14001、ISO/IEC 27001の要求事項とそれぞれ対照を行う。

（手順8） 統合MSマニュアルを発行し、これに基づいた活動を行う。

(3)　マネジメントレビュー

　マネジメントレビューとは、「トップマネジメントが"該当するMSが有効であるかどうか"を判断し、問題がある場合には関係者に改善を指示し、その活動状況を評価して、目標達成に導くこと」である。つまり、事業計画の運営管理と同じ活動なのである。したがって、該当するMSごとにマネジメントレビューを行うのではなく、事業計画の一環としてレビューを行うことで効率的な運営管理ができる。すなわち、組織で行われている月次会議などの場でレビューを行う。

　このレビューでは、統合MSの活動状況について強み・弱み分析を行うことで、時宜を得たMSの改善が可能となる。

(4)　内部監査

　内部監査は、個々のMSごとに行うのではなく、同時に監査を行うことが効率的である。なぜならば、統合MSの内部監査は、監査対象のプロセスに関わるすべての要素を評価することになる。したがって、事業活動では経営要素すべてが関連するプロセスに含まれているため、これらを分離することは好ましくはない。しかし、内部監査を一体化して行うためには内部監査員の力量を高める必要がある。統合MSの内部監査を行う際の課題は、監査員の力量と監査方法である。以下にこれらの課題への対応方法を解説する。

14 第1章 統合マネジメントシステムの構築

(a) 監査員の力量

監査員の力量については、ISO 19011：2011（JIS Q 19011：2012）規格「マネジメントシステムの監査のための指針」（以下、ISO 19011）で複数の分野に対応する MS 監査のための知識及び技能について、次のように記載している。

ISO 19011：2011（JIS Q 19011：2012）規格

7.2.3.5　複数の分野に対応するマネジメントシステム監査のための知識及び技能

複数の分野に対応するマネジメントシステムの監査を行う監査チームメンバーとして参加しようとする監査員は、そのうちの少なくとも一つの分野の監査に必要な力量を備え、並びに異なったマネジメントシステム間の相互作用及び相乗効果を理解していることが望ましい。

複数の分野に対応するマネジメントシステムの監査を行う監査チームリーダーは、各マネジメントシステム規格の要求事項を理解し、それぞれの分野における自身の知識及び技能の限界を認識することが望ましい。

多くの組織では、内部監査は一般的に1部門につき2名でチームを組んで実施している。このような場合には、一人が QMS、もう一人がEMS 及び ISMS に関する知識をもっていることが基本である。しかし、一人で監査する場合には、QMS、EMS 及び ISMS すべての知識を兼ね備えておくことが必要である。したがって、統合 MS で監査を行う場合には、監査員の力量を考慮してメンバーを選定することが大切である。

(b) 監査方法

組織は表1.2に示すように、品質、環境、情報セキュリティの経営要

表 1.2　MS 活動の種類と品質（Q）・環境（E）・情報セキュリティ（I）との関係（例）

MS の活動	Q	E	I
方針管理	○	○	○
改善活動管理	○	○	○
マーケティング管理	○		△
研究開発管理	○		△
製品設計管理	○	△	△
生産工程設計管理	○	△	△
購買管理	○	△	△
生産管理	○	○	△
設備管理	○	○	○
計測機器管理	○	△	

MS の活動	Q	E	I
販売管理	○		△
出荷管理	○	△	△
在庫管理	○		△
顧客管理	○		△
人材管理	○	○	○
文書管理（標準化）	○	○	○
環境管理		○	
作業環境管理	○	○	
DB 管理	△	△	○
情報セキュリティ管理			○

注）　○主要要素、△関連要素

素について、個別の MS で運営管理しているわけではなく、これらの経営要素を総合的に運営管理している。

　したがって、統合 MS の内部監査ではこれらの活動を同時に評価することが効果的である。このためには、**図 1.5** に示すように各分野別の関係性を考慮して監査の準備に当たることが大切である。

　このことを考慮した統合 MS の内部監査の重要事項を次に示す。

　①　監査対象の確認

　　　監査事務局から指定された対象に関係する MS の要素を検討する。

　②　監査時間の配分の検討

　　　監査は、指定された時間内で完了することが必要である。一つの分野に時間をかけすぎると他の分野の監査時間が短くなるので、当該プロセスの各 MS の運用管理上の影響度に応じて監査時間を設計することが効果的である。時間配分を適切に行うためには事前の準備が大切である。

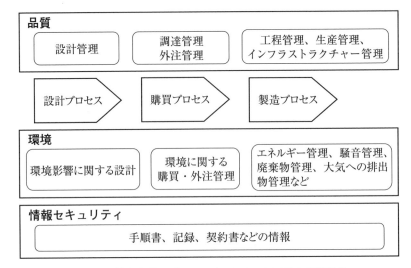

図 1.5　製品実現のプロセスと Q、E、I に関する関係性

　例えば、生産部門では、品質、環境及び情報セキュリティに関して、「顧客は品質及び情報セキュリティ、社員は作業環境、組織は省エネ、社会は地球環境を重視している」という考え方で運営管理しているとする。この場合、事業活動に与える要素の大きさを考慮すると、監査時間の配分を例えば、6(Q)：3(E)：1(I) とできる。一方、管理部門では、「組織は仕事の質及び情報資産の管理、社員は健康状態、組織は省エネを重視する」という考え方で運営管理しているとする。この場合、事業活動に与える要素の大きさを考慮すると、監査時間の配分を例えば、6(Q)：3(I)：1(E) とできる。

　どちらの場合でも、Q、E、I それぞれについて、パフォーマンスに問題がある要素を重点的に監査するとともに、プロセスの変更要素を重点的に監査することが効果的である。

③　監査対象の情報の収集

監査対象の MS の運用管理に関する情報を事前に収集する。

④　監査チェックシートの作成

収集した情報をもとにチェックシートを作成する。なおチェックシートでは監査の意図を明確にする。

なお、MS に関する共通要求事項については、事前に収集した情報及び結果の重要性（製品・サービス要求事項、環境要求事項及び情報セキュリティ要求事項に影響を与える程度）を考えて、「どの MS に関する要求事項から選択するのか」を決める。

このとき重要となるのが以下のような事項である。

- 目標展開とその結果
- 目標達成のための実施事項の展開とその結果
- 文書管理の実施状況
- 内部監査の結果に対する処置状況
- 是正処置の実施状況

1.3 統合マネジメントシステムの審査

各 MS 単位に審査を受審することは可能だが、組織では各 MS それぞれに対応する期間が必要となる。したがって、統合 MS を確立し、運営管理できれば統合 MS の審査を受審することで審査への対応が大きく簡略化される。統合 MS の審査プロセスは、単独 MS の審査と同じであるが、認証機関で相違する場合があるので、事前に確認するとよい。なお、統合 MS 審査を受審することで、組織には次のような利点がある。

- 第三者審査、内部監査等の回数の抑制
- MS 間の矛盾の解決
- 多くの重複作業の効率化
- 審査回数の削減による事務作業の軽減

第2章

統合マネジメントシステム
構築の実際

2.1 統合マネジメントシステムマニュアルの構造

(1) 統合 MS マニュアル作成の目的

ISO 規格では品質マニュアル、環境マニュアル、情報セキュリティマニュアルを作成しなければならないという要求事項はない。しかし、MSS 共通テキスト[1]では文書作成について「7.5　文書化した情報」の「7.5.1　一般」の b) で「XXX マネジメントシステムの有効性のために必要であると組織が決定した、文書化した情報」と規定しているので、これに基づいてマニュアルを作成することになる。

マニュアルは詳細な活動を記載するのではなく、「組織としてどのような活動を行うのか」という基本事項を明確にすることで、各 MS の活動を一体化して効果的で効率的に運営管理することができる。このため、個々の MS マニュアルを作成することではなく、統合 MS マニュアルを作成することが有効になる。

統合 MS マニュアルは、次のような場合に活用されることが多い。

- 社員の統合 MS に関する役割の認識向上のため、自組織の統合 MS の概況を示し、組織内で活用する。
- 顧客が組織の MS の活動状況を評価する際に活用する（B to B）。
- 第三者が組織の MS に関する審査に活用する。

(2) 統合 MS マニュアル作成のポイント

統合 MS マニュアルは、組織の事業活動を考慮した構造及びその活動状況が理解しやすいものにする。このため、次の事項を考慮する。

---

1)　『ISO/IEC 専門業務用指針　第 1 部』「統合版 ISO 補足指針— ISO 専用手順」（附属書 SL）の「SL.5.2　マネジメントシステム規格—MSS」のこと。詳細は日本規格協会 Web ページ「ISO/IEC 専門業務用指針第 1 部及び統合版 ISO 補足指針（2017 年版）英和対訳版」及び「ISO MSS 上位構造、共通テキスト及び共通用語・定義（英和）（2016 年 5 月 12 日版）」（https://www.jsa.or.jp/dev/std_shiryo1/?id=shiryou2）を参照してほしい。

- ISO 規格の箇条構成にしないで、組織の事業運営に適した構造にする。
- 組織で使用している事業活動の用語で記述する。

これらのことについて、ISO 9001「0.1　一般」には次のように記載されている。

ISO 9001(JIS Q 9001)：2015 規格

0.1　一般

…(中略)…

この規格は、次の事項の必要性を示すことを意図したものではない。

―様々な品質マネジメントシステムの構造を画一化する。

―文書類をこの規格の箇条の構造と一致させる。

―この規格の特定の用語を組織内で使用する。

(3)　統合 MS マニュアル作成のための骨格

統合 MS マニュアルの作成は、次の事項を考慮し、MS の活動状況をまとめることでその骨格ができる。

- ISO 9001、ISO 14001 及び ISO/IEC 27001 を理解する。
- これらの要求事項に対して、「自組織の品質、環境及び情報セキュリティに関する活動をどのように構築し、どのように運営管理しているのか」を文書で明確にする。

(4)　統合 MS マニュアルの作成方法

統合 MS マニュアルの作成方法には、次のような方法がある。どの方法を採用するかは、組織の文化などを考慮して決めるとよい。

22　第2章　統合マネジメントシステム構築の実際

(a)　構造設計

　文書全体の骨格を決める「構造設計」には、以下の大きく2つの考え方がある。

　①　ISO規格の箇条どおりに記述する。

　②　方針展開プロセス、製品実現のプロセス、支援のプロセスに分けてプロセスの機能を記述する(ISO規格の箇条に縛られない)。

上記①及び②それぞれの長所と欠点を**表 2.1** に示す。

表 2.1　構造の方法の比較

方法	長所	欠点
①	ISO 9001 の箇条構成になっているので、要求事項と対比しやすい。	規格改訂のつど見直しが必要となる。
②	・プロセス単位になっているので理解しやすい。 ・規格改訂の影響を受けない。	―

(b)　記述方法（自組織の各 MS の活動に合わせる）

　個々の記載についても以下の大きく2つの考え方がある。

　①　統合 MS の基本的な仕組みだけを記載する方法

　　統合 MS の基本的な仕組みだけを記載し、詳細については関連規程で明確にするので、統合 MS マニュアルの記載量が少なくて済む。

　②　統合 MS の仕組みを詳細に記載する方法

　　統合 MS マニュアルに手順を記載するので、統合 MS マニュアルの記載量が多くなるが、管理対象の文書数が少なくなることで、文書管理の効率化が図られるため、特に小規模企業に向いている。

2.2 要求事項中心の作成方法と事例

各 MS 要求事項をそのまま転記してマニュアル化することは好ましくない。各 MS 要求事項は一般モデルなので、組織の実態と必ずしも合致しているわけではないからである。このため、要求事項を自組織の特徴を考慮し理解しやすい質問に置き換えたうえで、その質問に対する活動状況を明確にし、これらをまとめて統合 MS マニュアルの記述へ落とし込むことが効果的である。

(1) 各 MS 規格に共通の要求事項の場合

各 ISO 規格に共通の要求事項のうち、例として「7.2　力量」について統合 MS マニュアルを作成する手順を次に示す。この箇条 7.2 は、ISO 9001、ISO 14001、ISO/IEC 27001 の要求事項で少し相違している点もあるので、次に挙げる手順ではそれを考慮している。

(手順 1)　MS 要求事項の質問への変換

MS 要求事項を**表 2.2** 中のような「質問」に置き換えていく。

(手順 2)　質問に対する活動状況の記述

質問に対する活動状況を記述する**表 2.2** 中のように記述していく。

(手順 3)　統合 MS マニュアルの記述方法

表 2.2 の活動状況を**図 2.1** の「統合 MS マニュアル」のように記述する。

表2.2　各MS要求事項、質問、質問に対する活動状況(例)

ISO 9001、ISO 14001、ISO/IEC 27001	質問	活動状況
7.2　力量 　組織は、次の事項を行わなければならない。		
a)　品質マネジメントシステムのパフォーマンス及び有効性に影響を与える業務をその管理下で行う人(又は人々)に必要な力量を明確にする。[ISO 9001] a)　組織の環境パフォーマンスに影響を与える業務、及び順守義務を満たす組織の能力に影響を与える業務を組織の管理下で行う人(又は人々)に必要な力量を決定する。[ISO 14001] a)　組織の情報セキュリティパフォーマンスに影響を与える業務をその管理下で行う人(又は人々)に必要な力量を決定にする。[ISO/IEC 27001]	・統合MS活動のパフォーマンスに影響を与える業務を行っている人々に必要な力量(知識と技能に関するもの)とは何ですか。	・業務ごとに力量を決めて、力量一覧表で明確にしている。
b)　適切な教育、訓練又は経験に基づいて、それらの人々が力量を備えていることを確実にする。[ISO 9001、ISO 14001、ISO/IEC 27001]	・教育、訓練又は経験に基づいて、それらの人々が力量を備えていることをどのような方法で確認していますか。	・年1回力量一覧表で確認している。
c)　組織の環境側面及び環境マネジメントシステムに関する教育訓練のニーズを決定する。	・環境側面及び環境マネジメントシステムに関する教育訓練のニーズをどのように把握し、決定していますか。	・各部の環境側面及びEMSに関する教育訓練に関するニーズをMS推進部門が

2.2 要求事項中心の作成方法と事例　25

表2.2　つづき

ISO 9001、ISO 14001、ISO/IEC 27001	質問	活動状況
		とりまとめている。
c)　該当する場合には、必ず、必要な力量を身に付けるための処置をとり、とった処置の有効性を評価する。[ISO 9001、ISO 14001、ISO/IEC 27001]	・持つべき力量と現状の力量にギャップがある場合には、必要な力量を身につけるためにどのような処置（適用される処置には、例えば、現在雇用している人々に対する、教育訓練の提供、指導の実施、配置転換の実施などがあり、また、力量を備えた人々の雇用、そうした人々との契約締結など)をとっていますか。 ・また、その効果をどのような方法で評価していますか。	・内部・外部の研修や職場でのOJTを行い、理解度確認の試験結果や業務実施状況で評価している。
d)　力量の証拠として、適切な文書化した情報を保持する。[ISO 9001、ISO/IEC 27001]	・力量に関してどのような記録を作成し、維持管理していますか。	・個人別の年度教育訓練記録を作成している。

7.3　力量

　各部は、部の役割を果たすために要員の力量に関して、次のa)～d)を行う。

　　a)　要員に必要な力量を力量一覧表で明確にする。

　　b)　力量一覧表に基づいて、年1回要員の力量を把握する。

　　　　また、環境側面及び環境マネジメントシステムに関する教育訓練のニーズを各部で明確にし、これをMS推進担当がと

図2.1　「統合MSマニュアル」例1

> りまとめる。
>
> c) 要員の力量が満たされていない場合には、内部・外部の研修や職場でのOJTを行い、理解度確認の試験結果や業務実施状況で評価する。
>
> d) 要員の力量を力量一覧表に記録するとともに、外部研修を受講した場合には、修了書などを保管する。

図2.1　つづき

(2)　QMS 固有の要求事項の場合

QMS固有の要求事項である「7.1.6　組織の知識」で(1)の(手順1)～(手順2)を展開すると**表2.3**のようになる。

表2.3　ISO 9001 要求事項、質問、質問に対する活動状況(例)

ISO 9001	質問	活動状況
7.1.6　組織の知識 　組織は、プロセスの運用に必要な知識、並びに製品及びサービスの適合を達成するために必要な知識を明確にしなければならない。	• プロセスの運営管理、製品・サービスを適合させるために必要な知識(活用できる情報)には何がありますか。	• 特許情報、成功事例集、失敗事例集、顧客や供給者からの情報、旧版の文書などがある。
この知識を維持し、必要な範囲で利用できる状態にしなければならない。	• どのようにして知識を維持して、使えるようにしていますか。	• 社内システムや書類棚で保管し、いつでも使えるような状態にしている。
変化するニーズ及び傾向に取り組む場合、組織は、現在の知識を考慮し、必要な追加の知識及び要求される更新情報を得る方法又はそれらにアクセスする方法を決定しなければならない。	• 新しい業務を行う際に、どのような方法で追加情報や新たな情報を取得していますか。	• 各部門で、インターネットや外部の講習会などで必要な情報を取得している。

表 2.3 の活動状況を図 2.2 の「統合 MS マニュアル」のように記述する。

7.1.6　各部門の知識

　各部は、プロセスの運用に必要な知識、並びに製品及びサービスの適合を達成するために必要な知識を明確にし、これらを社内システムや棚で保管し、必要な時に使えるようにする。

　各部は、新しいことに取り組むとき、既存の知識では対応できない場合には、新たな知識又は更新情報をインターネットや業界情報などを使って社外から手に入れる。

図 2.2　「統合 MS マニュアル」例 2

(3)　EMS 固有の要求事項の場合

　EMS 固有の要求事項である「6.1.2　環境側面」で(1)の(手順 1)〜(手順 2)を展開すると表 2.4 のようになる。

表 2.4　ISO 14001 要求事項、質問、質問に対する活動状況(例)

ISO 14001	質問	活動状況
6.1.2　環境側面 　組織は、環境マネジメントシステムの定められた適用範囲の中で、ライフサイクルの視点を考慮し、組織の活動、製品及びサービスについて、組織が管理できる環境側面及び組織が影響を及ぼすことができる環境側面、並びにそれらに伴う環境影響を決定しなければならない。	・環境管理システムの定められた適用範囲のなかで、ライフサイクルの視点を考慮し、組織の活動、製品及びサービスについて、組織が管理できる環境側面及び組織が影響を及ぼすことができる環境側面、並びにそれらに伴う環境影響をどのような方法で決定していますか。	・環境側面・環境影響評価表で明確にしている。
環境側面を決定するとき、組織は、次の事項を考慮に入れなければならない。	・環境側面を決定する際には、どのような内容について検討していますか。	・製品の環境に関する仕様の変更、製造設備の変更

28　第2章　統合マネジメントシステム構築の実際

表2.4　つづき

ISO 14001	質問	活動状況
a)　変更。これには、計画した又は新規の開発、並びに新規の又は変更された活動、製品及びサービスを含む。 b)　非通常の状況及び合理的に予見できる緊急事態		などについて検討している。 •設備の保守作業時、オイル漏れなどについて検討している。
組織は、設定した基準を用いて、著しい環境影響を与える又は与える可能性のある側面(すなわち、著しい環境側面)を決定しなければならない。	•どのような基準で、著しい環境側面を決定していますか。	•発生頻度×影響度＝総合リスク •発生頻度(1～3レベル) •影響度(1～3レベル) 著しい環境側面は総合リスクで6レベル以上としている。
組織は、必要に応じて、組織の種々の階層及び機能において、著しい環境側面を伝達しなければならない。	•どのような場合に、組織内に著しい環境側面を伝達していますか。	•年度初めに環境管理計画を説明している。
組織は、次に関する文書化した情報を維持しなければならない。 ―環境側面及びそれに伴う環境影響 ―著しい環境側面を決定するために用いた基準 ―著しい環境側面	•どのような文書にしていますか。	•環境側面管理手順書にしている。

表2.4の活動状況を図2.3の「統合MSマニュアル」のように記述する。

2.2 要求事項中心の作成方法と事例　29

6.1.2　環境側面

各部門は、環境側面管理手順書の環境側面・環境影響評価表を用いて、環境側面及び環境影響を決定する。

なお、環境側面を決定する際には、製品の環境に関する仕様の変更、製造設備の変更、設備の保守作業時の状況、オイル漏れなどの緊急事態などを考慮する。

著しい環境側面と決定する際には、次に示す基準を用いる。

- 発生頻度(1～3 レベル)
- 影響度(1～3 レベル)
- 総合リスク＝発生頻度×影響度
- 著しい環境側面≧総合 6 レベル

各部門は、これらの検討結果を MS 推進担当に送付する。MS 推進担当は、これらをレビューし、問題がある場合には、関連する部門に修正を指示する。

これらの結果については、各部長が年度初めに統合 MS 計画の中で説明を行う。

図2.3　「統合 MS マニュアル」例3

(4)　ISMS 固有の要求事項の場合

ISMS 固有の要求事項である「6.1.2　情報セキュリティリスクアセスメント」で(1)の(手順1)～(手順2)を展開すると表2.5のようになる。

30　第2章　統合マネジメントシステム構築の実際

表 2.5　ISO/IEC 27001 要求事項、質問、質問に対する活動状況（例）

ISO/IEC 27001	質問	活動状況
6.1.2　情報セキュリティリスクアセスメント 　組織は、次の事項を行う情報セキュリティリスクアセスメントのプロセスを定め、適用しなければならない。	・情報セキュリティアセスメントに関する文書には何がありますか。	・リスク管理手順書がある。
a)　次を含む情報セキュリティのリスク基準を確立し、維持する。 　1)　リスク受容基準 　2)　情報セキュリティリスクアセスメントを実施するための基準	・1)と2)を含む情報セキュリティの**リスク基準**(リスクの重大性を評価するための目安とする条件)には何がありますか。	・「機密性、完全性、可用性の基準及びこれに基づく資産価値の算出基準、脅威及び脆弱性に対するリスク値算出基準」がある。
b)　繰り返し実施した情報セキュリティリスクアセスメントが、一貫性及び妥当性があり、かつ、比較可能な結果を生み出すことを確実にする。	・繰り返し実施した情報セキュリティリスクアセスメントが、一貫性及び妥当性があり、かつ、比較可能な結果を生み出すことができる仕組みはどのようになっていますか。	・リスク特定、リスク分析、リスク評価の活動をMS管理責任者が監視している。
c)　次によって情報セキュリティリスクを特定する。 　1)　ISMS の適用範囲内における情報の機密性、完全性及び可用性の喪失に伴うリスクを特定するために、情報セキュリティリスクアセスメントのプロセスを適用する。 　2)　これらのリスク所有者を特定する。	・1)と2)はどのような方法で情報セキュリティリスクを特定していますか。	・情報資産ごとに、脅威、脆弱性、リスク及び現状の管理方法を明確にしている。

2.2 要求事項中心の作成方法と事例　31

表2.5　つづき

ISO/IEC 27001	質問	活動状況
d) 次によって情報セキュリティリスクを分析する。 1) 6.1.2 c) 1)で特定されたリスクが実際に生じた場合に起こり得る結果についてアセスメントを行う。 2) 6.1.2 c) 1)で特定されたリスクの現実的な起こりやすさについてアセスメントを行う。 3) リスクレベルを決定する。	• 1)から3)についてはどのような方法で情報セキュリティリスクを分析していますか。	• 情報資産管理書で明確にした情報資産ごとに機密性、完全性、可用性の基準にしたがって、情報セキュリティリスク及びリスク所有者を特定している。
e) 次によって情報セキュリティリスクを評価する。 1) リスク分析の結果と6.1.2 a)で確立したリスク基準とを比較する。 2) リスク対応のために、分析したリスクの優先順位付けを行う。	• 1)と2)の方法で情報セキュリティリスクを評価する仕組みになっていますか。	• 資産価値×脅威レベル×脆弱性レベルの式により、リスク値を算出している。
組織は、情報セキュリティリスクアセスメントのプロセスについての文書化した情報を保持しなければならない。	• 情報セキュリティリスクアセスメントについての記録には何がありますか。	• 「情報資産管理書」「情報資産のリスク分析・対応管理書」がある。

表2.5の活動状況を図2.4の「統合MSマニュアル」のように記述する。

32 第2章 統合マネジメントシステム構築の実際

6.1.2 情報セキュリティリスクアセスメント

　各部門は、リスク管理手順書に基づき、各部で保有している情報資産について、リスク特定、リスク分析、リスク評価、リスク対応を次の手順で行い、情報資産管理台帳、情報資産のリスク分析・対応管理書にその結果を記載し、適用宣言書を作成する。

　　　手順1：情報資産の洗い出し
　　　手順2：脅威、脆弱性の特定及び現状の管理方法の明確化
　　　手順3：リスクの特定
　　　手順4：機密性、完全性、可用性及び情報資産の価値の決定
　　　手順5：資産価値、脅威レベル、脆弱性レベル及びリスク値の
　　　　　　　算出
　　　手順6：リスクの選択肢の決定
　　　手順7：リスク低減のための対応策
　　　手順8：適用宣言書の作成

図2.4　「統合MSマニュアル」例4

2.3 プロセス中心の作成方法と事例

　プロセスを中心とした統合MSマニュアルは、組織概要とプロセス概要について記述し、詳細は関連規程を参照する形をとることで**図2.5**のように効果的に作成できる。

　ここで事業運営に必要な「プロセスフロー及びその活動」の例について、**表2.6～表2.21**として掲載する。

- 事業計画プロセス（**表2.6**）　　・営業プロセス（**表2.7**）
- 設計・開発プロセス（**表2.8**）
- 工程設計・生産計画プロセス（**表2.9**）

```
                    目　　次
1.　統合 MS 運営管理の目的
2.　適用範囲
　　(1)　対象組織図(部門名、要員数及び部門の役割を含む)
　　(2)　対象製品・サービス
　　(3)　対象場所
3.　適用規格
4.　統合 MS の構造
5.　事業概況
　　(1)　経営理念
　　(2)　中期事業計画
　　(3)　事業環境
6.　事業運営の仕組み
　　事業運営に必要なプロセスフロー及びその活動を表 2.6～表 2.21
　に示す。
```

図 2.5　「統合 MS マニュアル」例 5

- 購買・外注プロセス(表 2.10)　　・製造プロセス(表 2.11)
- 梱包・保管・輸送プロセス(表 2.12)
- 設備管理(社内システム含む)プロセス(表 2.13)
- 測定機器管理プロセス(表 2.14)　　・教育訓練プロセス(表 2.15)
- 文書管理プロセス(表 2.16)
- 環境側面管理プロセス(表 2.17)
- 情報セキュリティ管理プロセス(表 2.18)
- 安全管理プロセス(表 2.19)　　・内部監査プロセス(表 2.20)
- MS 管理プロセス(表 2.21)

表2.6 事業計画プロセス（例）

プロセスフロー	プロセスの概要
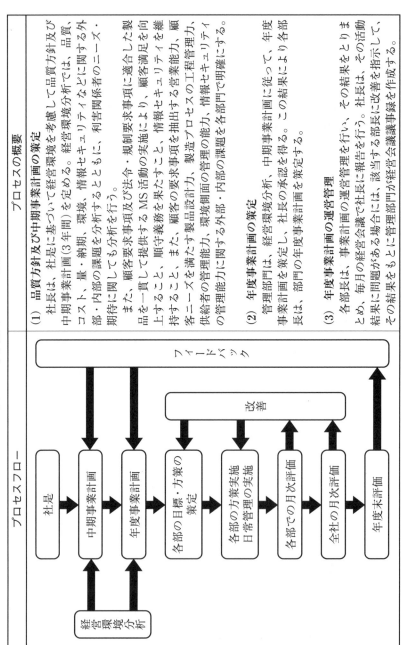	(1) 品質方針及び中期事業計画の策定 社長は、社是に基づいて経営環境を考慮して品質方針及び中期事業計画（3年間）を定める。経営環境分析では、品質、コスト、量、納期、環境、情報セキュリティなどに関する外部・内部の課題を分析するとともに、利害関係者のニーズ・期待に関しても分析を行う。 また、顧客要求事項及び法令・規制要求事項に適合した製品を一貫して提供するMS活動の実施により、顧客満足を向上すること、順守義務を果たすこと、情報セキュリティを維持すること、また、顧客の要求事項を抽出する営業能力、顧客ニーズを満たす製品設計力、製造プロセスの工程管理力、供給者の管理能力、環境側面の管理能力、情報セキュリティの管理能力に関する外部・内部の課題を各部門で明確にする。 (2) 年度事業計画の策定 管理部門は、経営環境分析、中期事業計画に従って、年度事業計画を策定し、社長の承認を得る。この結果により各部長は、部門の年度事業計画を策定する。 (3) 年度事業計画の運営管理 各部長は、事業計画の運営管理を行い、その結果をとりまとめ、毎月の経営会議で社長に報告を行う。社長は、その活動結果に問題がある場合には、該当する部長に改善を指示して、その結果をもとに管理部門が経営会議事録を作成する。

表 2.7 営業プロセス（例）

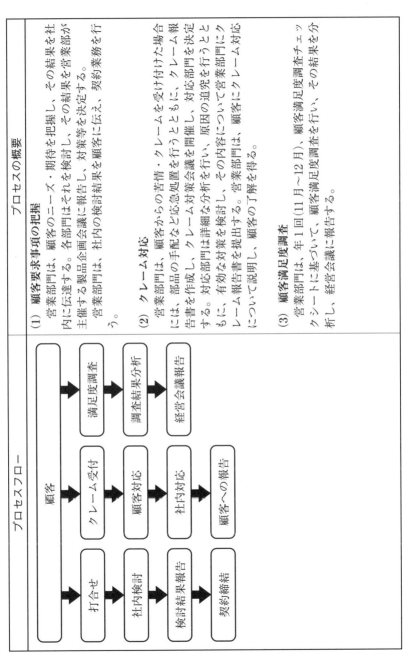

プロセスフロー	プロセスの概要
	(1) 顧客要求事項の把握 営業部門は、顧客のニーズ・期待を把握し、その結果を社内に伝達する。各部門はそれを検討し、その結果を営業部門が主催する製品企画会議に報告し、対策等を顧客に伝える。営業部門は、社内の検討結果を顧客に伝え、契約業務を行う。 (2) クレーム対応 営業部門は、顧客からの苦情・クレームを受け付けた場合には、部品の手配など応急処置を行うとともに、クレーム報告書を作成し、クレーム対策会議を開催し、対応部門を決定する。対応部門は詳細な分析を行い、原因の追究を行うとともに、有効な対策を検討し、その内容について営業部門にクレーム報告書を提出する。営業部門は、顧客にクレーム対応について説明し、顧客の了解を得る。 (3) 顧客満足度調査 営業部門は、年1回（11月～12月）、顧客満足度チェックシートに基づいて、顧客満足度調査を行い、その結果を分析し、経営会議に報告する。

36　第2章　統合マネジメントシステム構築の実際

表2.8　設計・開発プロセス（例）

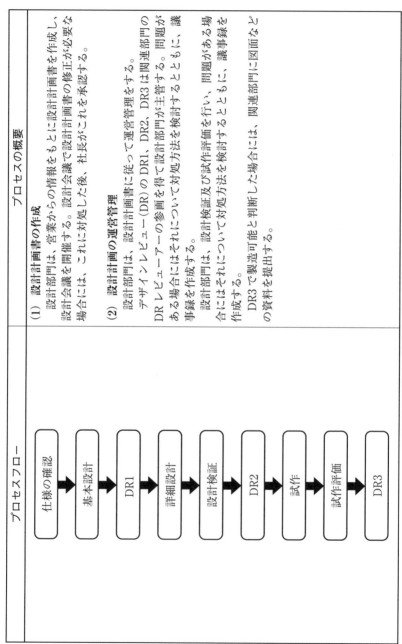

プロセスフロー	プロセスの概要
仕様の確認 → 基本設計 → DR1 → 詳細設計 → 設計検証 → DR2 → 試作 → 試作評価 → DR3	(1) 設計計画書の作成 設計部門は、営業からの情報をもとに設計計画書を作成し、設計会議を開催する。設計会議で設計計画書の修正が必要な場合には、これに対処した後、社長がこれを承認する。 (2) 設計計画の運営管理 設計部門は、設計計画書に従って運営管理をする。 デザインレビュー(DR)のDR1、DR2、DR3は関連部門のDRレビューアーの参画を得て設計部門が主管する。問題がある場合にはそれぞれについて対処方法を検討するとともに、議事録を作成する。 設計部門は、設計検証及び試作評価を行い、問題がある場合にはそれぞれについて対処方法を検討するとともに、関連部門に図面などの議事録を作成する。 DR3で製造可能と判断した場合には、関連部門に図面などの資料を提出する。

2.3 プロセス中心の作成方法と事例　37

表2.9　工程設計・生産計画プロセス（例）

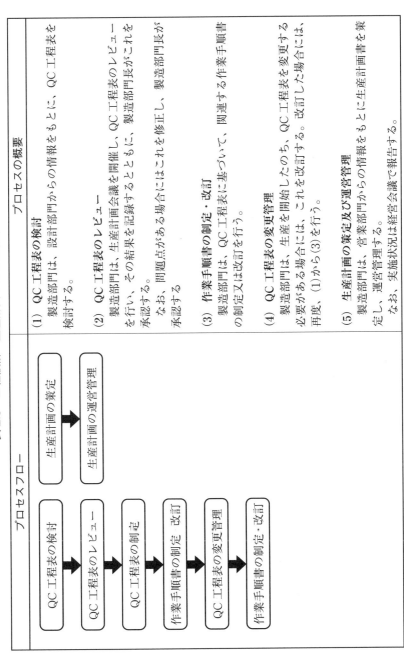

プロセスフロー	プロセスの概要
生産計画の策定 → 生産計画の運営管理 QC工程表の検討 → QC工程表のレビュー → QC工程表の制定 → 作業手順書の制定・改訂 → QC工程表の変更管理 → 作業手順書の制定・改訂	(1) QC工程表の検討 製造部門は、設計部門からの情報をもとに、QC工程表を検討する。 (2) QC工程表のレビュー 製造部門は、生産計画会議を開催し、QC工程表のレビューを行い、その結果を記録するとともに、製造部門長がこれを承認する。 なお、問題点がある場合にはこれを修正し、製造部門長が承認する。 (3) 作業手順書の制定・改訂 製造部門は、QC工程表に基づいて、関連する作業手順書の制定又は改訂を行う。 (4) QC工程表の変更管理 製造部門は、生産を開始したのち、QC工程表を変更する必要がある場合には、これを改訂する。改訂した場合には、再度、(1)から(3)を行う。 (5) 生産計画の策定及び運営管理 製造部門は、営業部門からの情報をもとに生産計画書を策定し、運営管理する。 なお、実施状況は経営会議で報告する。

38　第2章　統合マネジメントシステム構築の実際

表 2.10　購買・外注プロセス（例）

プロセスの概要

(1) 新規供給者との契約

管理部門は、新規供給者の経営情報を収集し、経営状況、品質実績、環境及び情報セキュリティへの取組みなどについて評価項目一覧表に基づいて評価し、供給者の選定を行い、社長の承認を得る。

管理部門は、供給者と購買契約を締結し、当該供給者を供給者一覧表に記載する。

(2) 既存取引供給者の評価・選定

管理部門は、2月に当年度購入製品に関する品質、量・納期、価格に関する実績並びに環境及び情報セキュリティへの取組みを評価し、供給者のパフォーマンスの改善が図られない場合には、取引継続の可否を検討し、取引中止を行う場合には、社長の承認を得る。

(3) 発注業務

管理部門は、製造部門からの情報を考慮して、発注書に基づき材料・部品・アウトソースについて在庫状況を管理する。発注を行い、その進捗状況を管理する。

(4) 受入検査

品質保証部門は、購買製品について検査方式、サンプル数を記載した検査基準一覧表に基づいて受入検査を行う。

プロセスフロー

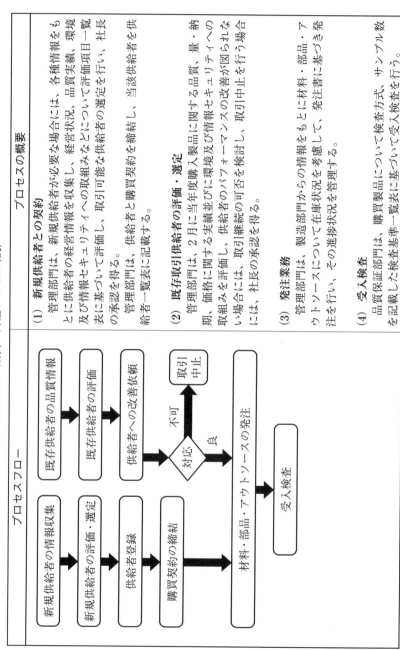

2.3 プロセス中心の作成方法と事例

表 2.11 製造プロセス (例)

プロセスフロー	プロセスの概要
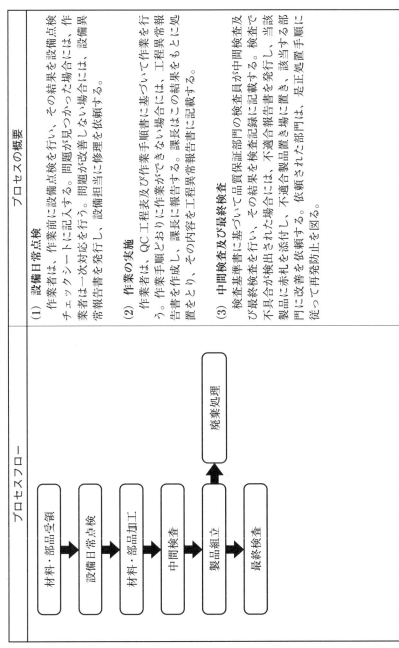	(1) 設備日常点検 作業者は、作業前に設備点検を行い、その結果を設備点検チェックシートに記入する。問題が見つかった場合には、作業者は一次対応を行う。問題が改善しない場合には、設備異常報告書を発行し、設備担当に修理を依頼する。 (2) 作業の実施 作業者は、QC工程表及び作業手順書に基づいて作業を行う。作業手順どおりに作業ができない場合には、工程異常報告書を作成し、課長に報告する。課長はこの結果をもとに処置をとり、その内容を工程異常報告書に記載する。 (3) 中間検査及び最終検査 検査基準書に基づいて品質保証部門の検査員が中間検査及び最終検査を行い、その結果を検査記録に記載する。検査で不具合が検出された場合には、不適合報告書を発行し、当該製品に赤札を添付し、不適合品置き場に置く。該当する部門に改善を依頼する。依頼された部門は、是正処置手順に従って再発防止を図る。

表2.12 梱包・保管・輸送プロセス（例）

プロセスフロー	プロセスの概要
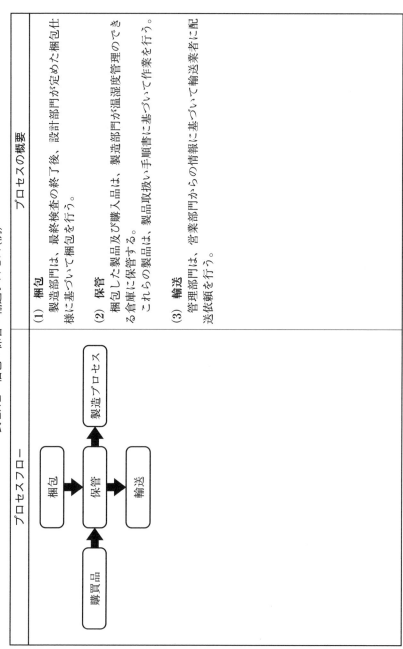	(1) 梱包 製造部門は、最終検査の終了後、設計部門が定めた梱包仕様に基づいて梱包を行う。 (2) 保管 梱包した製品及び購入品は、製造部門が温湿度管理のできる倉庫に保管する。 これらの製品は、製品取扱い手順書に基づいて作業を行う。 (3) 輸送 管理部門は、営業部門からの情報に基づいて輸送業者に配送依頼を行う。

表 2.13 設備管理（社内システム含む）プロセス（例）

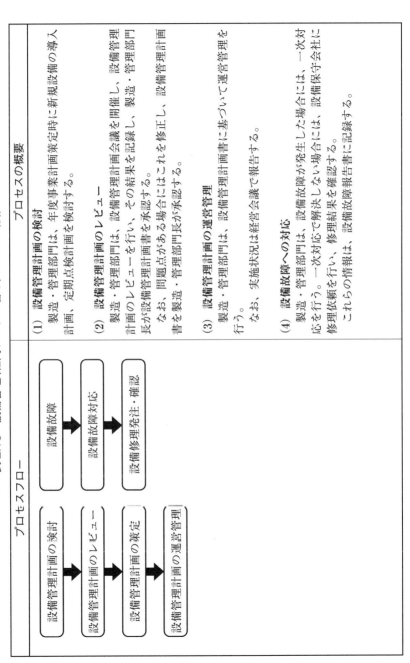

プロセスフロー	プロセスの概要
設備管理計画の検討 → 設備管理計画のレビュー → 設備管理計画の策定 → 設備管理計画の運営管理 設備故障 → 設備故障対応 → 設備修理発注・確認	(1) 設備管理計画の検討 製造・管理部門は、年度事業計画策定時に新規設備の導入計画、定期点検計画を検討する。 (2) 設備管理計画のレビュー 製造・管理部門は、設備管理計画会議を開催し、設備管理計画のレビューを行い、その結果を記録し、製造・管理部門長が設備管理計画書を承認する。 なお、問題点がある場合にはこれを修正し、設備管理計画書を製造・管理部門長が承認する。 (3) 設備管理計画の運営管理 製造・管理部門は、設備管理計画書に基づいて運営管理を行う。 なお、実施状況は経営会議で報告する。 (4) 設備故障への対応 製造・管理部門は、設備故障が発生した場合には、一次対応を行う。一次対応で解決しない場合には、設備保守会社に修理依頼を行い、修理結果を確認する。 これらの情報は、設備故障報告書に記録する。

第2章 統合マネジメントシステム構築の実際

表 2.14 測定機器管理プロセス（例）

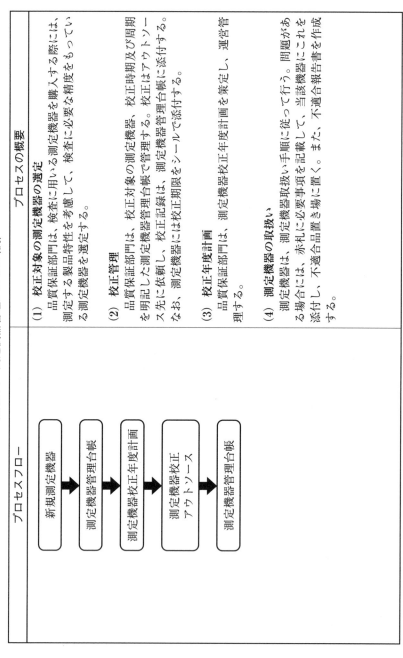

プロセスフロー	プロセスの概要
新規測定機器 → 測定機器管理台帳 → 測定機器校正年度計画 → 測定機器校正アウトソース → 測定機器管理台帳	(1) 校正対象の測定機器の選定 品質保証部門は、検査に用いる測定機器を購入する際には、測定する製品特性を考慮して、検査に必要な精度をもっている測定機器を選定する。 (2) 校正管理 品質保証部門は、校正対象の測定機器、校正時期及び周期を明記した測定機器管理台帳で管理する。校正はアウトソース先に依頼し、校正記録は、測定機器管理台帳に添付する。なお、測定機器には校正期限シールで添付する。 (3) 校正年度計画 品質保証部門は、測定機器校正年度計画を策定し、運営管理する。 (4) 測定機器の取扱い 測定機器は、測定機器取扱い手順に従って行う。問題がある場合には、測定機器に必要事項を記載して、当該機器にこれを添付し、不適合品置き場に置く。また、不適合報告書を作成する。

2.3 プロセス中心の作成方法と事例　43

表 2.15 教育訓練プロセス (例)

プロセスフロー	プロセスの概要
保有すべき力量の明確化 → 現状の力量の把握 → ギャップの明確化 → 教育・訓練計画 → 力量の有効性評価	(1) 保有すべき力量の明確化 作業を行うに当たっての知識と技能について各部門は、自部門の業務を遂行するために「どのような力量及びそのレベル」が必要かを明確にし、その結果を力量一覧表に記載する。 (2) 現状の力量の把握 各部門は、該当する業務を行っている要員の力量を力量一覧表に基づいて、調査し、その結果を力量一覧表に記載する。 (3) 力量及びレベルのギャップの明確化 各部門は、力量一覧表に基づき(1)と(2)から維持・開発すべき力量を特定する。 (4) 教育訓練計画の策定 各部門は、「維持・開発する力量」「維持・開発すべき力量を満たすための教育・訓練計画を策定する」「力量のある要員を採用する」「力量のある要員を配置転換する」などの対応を検討し、その結果について社長の承認を得る。

44 第2章 統合マネジメントシステム構築の実際

表 2.16 文書管理プロセス（例）

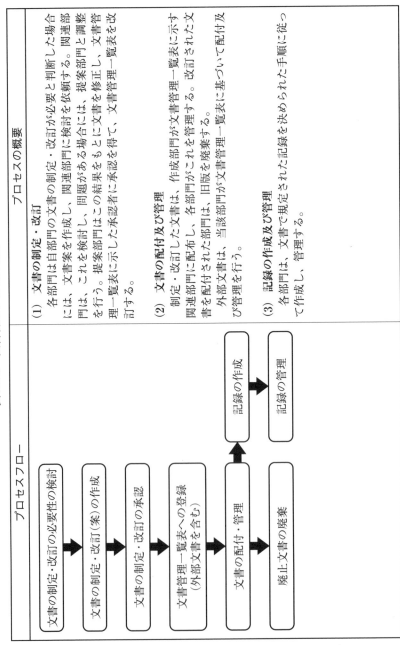

プロセスフロー	プロセスの概要
文書の制定・改訂の必要性の検討 → 文書の制定・改訂（案）の作成 → 文書の制定・改訂の承認 → 文書管理一覧表への登録（外部文書を含む）→ 文書の配付・管理 → 廃止文書の廃棄／記録の作成 → 記録の管理	(1) 文書の制定・改訂 　各部門は自部門の文書の制定・改訂に検討・改訂が必要と判断した場合には、文書案を作成し、関連部門に検討を依頼する。関連部門は、これを検討し、問題がある場合には、提案部門と調整を行う。提案部門はこの結果をもとに文書を修正し、文書管理一覧表に示した承認者に承認を得て、文書管理一覧表を改訂する。 (2) 文書の配付及び管理 　制定・改訂した文書は、作成部門が文書管理一覧表に示す関連部門に配布し、各部門がこれを管理する。改訂された文書を配付された部門は、旧版を廃棄する。文書管理一覧表に基づいて配付及び管理を行う。外部文書は、当該部門が文書管理一覧表に基づいて配付及び管理を行う。 (3) 記録の作成及び管理 　各部門は、文書で規定された記録を決められた手順に従って作成し、管理する。

表 2.17　環境側面管理プロセス（例）

プロセスフロー	プロセスの概要
環境側面の明確化 → 著しい環境側面の特定 → 著しい環境側面のレビュー → 著しい環境側面の運用管理 環境影響事故 → 環境影響事故対応	**(1) 環境側面の明確化** 　各部門は、環境側面を検討し、環境側面一覧表を作成する。 **(2) 著しい環境側面の特定** 　各部門は、環境側面一覧表から、環境側面評価基準に基づき、著しい環境側面を特定し、その結果を環境側面一覧表に記載し、その結果をMS推進部門に提出する。 **(3) 著しい環境側面のレビュー** 　MS推進部門は、各部門から提出された環境側面一覧表をレビューし、問題がある場合には、各部門と調整を行い、著しい環境側面を決定し、MS推進責任者の承認を得る。 **(4) 環境側面の運用管理** 　各部門は、関連規程に基づいて著しい環境側面の運用管理を行う。なお、実施状況は経営会議に報告する。 **(5) 環境影響事故への対応** 　各部門は、環境影響事故が発生した場合には、関連部門に連絡するとともに、社長に伝達し、適切な処置をとる。これらの情報は、環境影響事故報告書に記録する。

表2.18 情報セキュリティ管理プロセス（例）

プロセスフロー	プロセスの概要
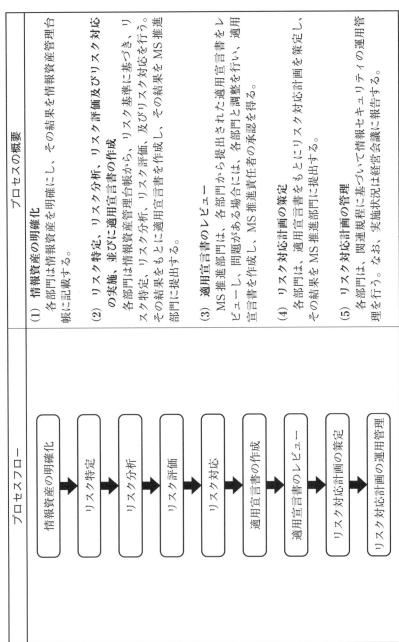 情報資産の明確化 ↓ リスク特定 ↓ リスク分析 ↓ リスク評価 ↓ リスク対応 ↓ 適用宣言書の作成 ↓ 適用宣言書のレビュー ↓ リスク対応計画の策定 ↓ リスク対応計画の運用管理	(1) 情報資産の明確化 各部門は情報資産を明確にし、その結果を情報資産管理台帳に記載する。 (2) リスク特定、リスク分析、リスク評価及びリスク対応の実施、並びに適用宣言書の作成 各部門は情報資産管理台帳に基づき、リスク基準に基づき、リスク特定、リスク分析、リスク評価、及びリスク対応を行い、その結果をもとに適用宣言書を作成し、MS推進部門に提出する。 (3) 適用宣言書のレビュー MS推進部門は、各部門から提出された適用宣言書をレビューし、問題がある場合には、各部門と調整を行い、適用宣言書を作成し、MS推進責任者の承認を得る。 (4) リスク対応計画の策定 各部門は、適用宣言書をもとにリスク対応計画を策定し、その結果をMS推進部門に提出する。 (5) リスク対応計画の管理 各部門は、関連規程に基づいて情報セキュリティの運用管理を行う。なお、実施状況は経営会議に報告する。

2.3 プロセス中心の作成方法と事例　47

表 2.19　安全管理プロセス（例）

プロセスフロー	プロセスの概要
作業安全計画の検討 → 作業安全計画のレビュー → 作業安全計画の策定 → 作業安全計画の運営管理 作業事故 → 作業事故対応	**(1) 作業安全計画の検討** 管理部門は、年度事業計画策定時に作業安全計画を検討する。 **(2) 作業安全計画のレビュー** 管理部門は、作業安全計画会議を開催し、作業安全計画のレビューを行い、その結果を記録し、管理部門長が作業安全計画書を承認する。 なお、問題点がある場合にはこれを修正し、作業安全計画書を管理部門長が承認する。 **(3) 作業安全計画の運営管理** 管理部門は、作業安全計画書に基づいて運営管理を行う。なお、実施状況は経営会議で報告する。 **(4) 作業事故への対応** 管理部門は、作業事故が発生した場合には、関連部門に連絡するとともに、社長に伝達し、適切な処置をとる。これらの情報は、作業事故報告書に記録する。

表 2.20 内部監査プロセス(例)

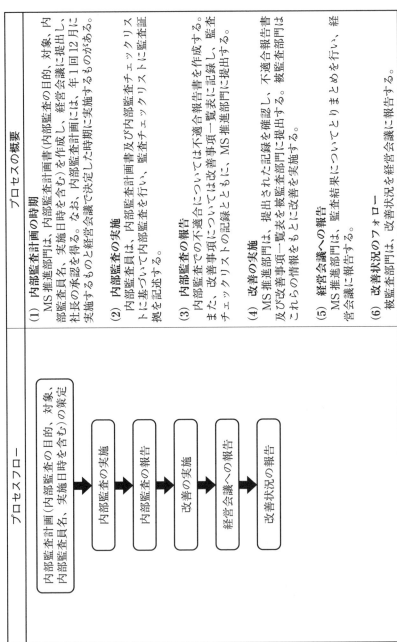

プロセスフロー	プロセスの概要
内部監査計画(内部監査の目的、対象、内部監査員名、実施日時を含む)の策定 → 内部監査の実施 → 内部監査の報告 → 改善の実施 → 経営会議への報告 → 改善状況の報告	(1) 内部監査計画の時期 MS推進部門は、内部監査計画書(内部監査の目的、対象、内部監査員名、実施日時を含む)を作成し、経営会議に提出し、社長の承認を得る。内部監査計画では、年1回12月に実施するものと経営会議で決定した時期に実施するものがある。 (2) 内部監査の実施 内部監査員は、内部監査計画書及び内部監査チェックリストに基づいて内部監査を行い、監査チェックリストに監査証拠を記述する。 (3) 内部監査の報告 内部監査での不適合については不適合報告書を作成する。また、改善事項については改善事項一覧表に記録し、監査チェックリストの記録とともに、MS推進部門に提出する。 (4) 改善の実施 MS推進部門は、提出された記録を確認し、不適合報告及び改善事項一覧表を被監査部門に提出するとともに、これらの情報をもとに改善を実施する。 (5) 経営会議への報告 MS推進部門は、監査結果についてとりまとめを行い、経営会議に報告する。 (6) 改善状況のフォロー 被監査部門は、改善状況を経営会議に報告する。

表 2.21　MS 管理プロセス (例)

プロセスフロー	プロセスの概要
MS マニュアルの検討 → MS マニュアルのレビュー → MS マニュアルの研修 → MS の維持 → 認証機関への対応	(1)　MS マニュアルの検討 MS 推進部門は、各 MS 要求事項に対応するための MS 体制の仕組みを検討する。 (2)　MS マニュアルのレビュー MS 推進部門は、MS 会議を開催し、MS マニュアルのレビューを行い、その結果を記録するとともに、MS マニュアルの承認を社長に得る。なお、問題点がある場合にはこれを修正するとともに、社長に承認を得る。 (3)　MS マニュアルの研修 MS 推進部門は、社員に対して MS マニュアルの研修を行う。 (4)　MS の維持 各部門は、MS マニュアルに規定された手順に基づいて作業を行う。 (5)　認証機関への対応 MS 推進部門は、認証に関して認証機関との調整を行う。

第**3**章

内部監査の基本

52   第3章　内部監査の基本

3.1 ISO 19011 の内部監査プログラム

　監査の方法については、ISO 19011：2011(JIS Q 19011：2012)規格
「マネジメントシステム監査のための指針」で監査プログラムの考え方
(**図3.1**)が示されている。なお、**図3.1**中の箇条はISO 19011と対応し
ている。

　図3.1からわかるように箇条5及び箇条7は、監査プログラムの管理
責任者、箇条6は監査員の監査業務について記載している。

```
┌─────────────────────────────────────┐
│ 5.2  監査プログラムの目的の策定                │
└─────────────────────────────────────┘
              │
┌─────────────────────────────────────┐
│ 5.3  監査プログラムの策定                     │
│   5.3.1  監査プログラムの管理者の役割及び責任    │
│   5.3.2  監査プログラムの管理者の力量          │
│   5.3.3  監査プログラムの適用する範囲の設定      │
│   5.3.4  監査プログラムに関わるリスクの特定及び評価 │
│   5.3.5  監査プログラムの手順の確立            │
│   5.3.6  監査プログラムの資源の特定            │
└─────────────────────────────────────┘
              │
┌─────────────────────────────────────┐                  ┌──────────┐
│ 5.4  監査プログラムの実施                     │                  │ 7 監査員  │
│   5.4.1  一般                              │◄────────────────►│ の力量及  │
│   5.4.2  個々の監査の目的、適用範囲及び基準の明確化 │                  │ び評価    │
│   5.4.3  監査方法の選定                      │                  └──────────┘
│   5.4.4  監査チームメンバーの選定             │                  ┌──────────┐
│   5.4.5  監査チームリーダーに対する個々の監査の責任の割当て │◄────────►│ 6 監査の  │
│   5.4.6  監査プログラムの成果の管理           │                  │ 実施     │
│   5.4.7  監査プログラムの記録の管理及び維持      │                  └──────────┘
└─────────────────────────────────────┘
              │
┌─────────────────────────────────────┐
│ 5.5  監査プログラムの監視                     │
└─────────────────────────────────────┘
              │
┌─────────────────────────────────────┐
│ 5.6  監査プログラムのレビュー及び改善           │
└─────────────────────────────────────┘
```

図3.1　監査プログラムのフロー

3.2 監査の原則

　監査員の知識及び監査技術にばらつきがあると監査結果の信頼性が揺らぐことになる。このようなばらつきを生じさせないためには、まず、共通的なある原則に基づいて実施することが有効である。

　そこでISO 19011の「4　監査の原則」では以下に引用するa)〜f)までの6つの原則を明確にしている。これらはいずれも重要な考え方であるので、この原則を十分理解し、実践することで有効な監査を実施することができる。

ISO 19011 : 2011(JIS Q 19011 : 2012)規格

4　監査の原則

　監査は幾つかの原則に準拠しているという特徴がある。これらの原則は、組織がそのパフォーマンス改善のために行動できる情報を監査が提供することによって、経営方針及び管理業務を支援する効果的、かつ、信頼のおけるツールとなるのを支援することが望ましい。適切で、かつ、十分な監査結論を導き出すため、そして、互いに独立して監査を行ったとしても同じような状況に置かれれば、どの監査員も同じような結論に達することができるようにするためには、これらの原則の順守は、必須条件である。

　　a）　高潔さ：専門家であることの基礎

　　　　監査員及び監査プログラムの管理者は、次の事項を行うことが望ましい。

　　　　　―自身の業務を正直に、勤勉に、かつ責任感をもって行う。

　　　　　―適用される法的要求事項全てに対し、注目し、順守する。

　　　　　―自身の業務を実施するに当たり、力量を実証する。

　　　　　―自身の業務を、公平な進め方で、すなわち、全ての対応

> において公正さをもち、偏りなく行う。
> ─監査の実施中にもたらされ得る、自身の判断への影響全
> てに対し、敏感である。

　高潔さとは高尚(学問・言行等の程度が高く、上品なこと)で潔白なことであり、監査員及び監査プログラムの管理者(例：統合MSの管理責任者、供給者の監査に責任をもつ管理者)は監査に関する専門家である。上記a)ではこれらの人がとるべき行動を示しており、「監査員及び監査プログラムの管理者は、監査業務を遂行するための活動に対して責任をもつことが重要である」という考え方を示唆している。
　したがって、監査員は、監査を行うために必要な知識及び監査技術を身につけることが大切である。

ISO 19011：2011(JIS Q 19011：2012)規格

> b) 公正な報告：ありのままに、かつ、正確に報告する義務
> 　監査所見、監査結論及び監査報告は、ありのままに、かつ、正確に監査活動を反映することが望ましい。監査中に遭遇した顕著な障害、及び監査チームと被監査者との間で解決に至らない意見の相違について報告することが望ましい。コミュニケーションはありのままに、正確で、客観的で、時宜を得て、明確かつ完全であることが望ましい。

　監査員は、監査した結果を確認したとおりに、事実のままに関係者に報告する必要がある。被監査者が部長で監査員が課長又は社員の場合、職責がものをいう組織では被監査者の言い分に問題があっても正しいと判断している場合がある。これでは適切な監査が実行できているとは言えないので注意が必要である。
　監査員と被監査者は同等であり、役職の上下関係を考慮してはならな

い。監査では被監査者とあらゆる場面でコミュニケーションを行っているので、事実に基づいて、正確で、客観的で、必要なときに、明確かつ完全であることが必要である。

ISO 19011：2011(JIS Q 19011：2012)規格

c) 専門家としての正当な注意：監査の際の広範な注意及び判断

監査員は、自らが行っている業務の重要性、並びに監査依頼者及びその他の利害関係者が監査員に対して抱いている信頼に見合う正当な注意を払うことが望ましい。専門家としての正当な注意をもって業務を行う場合の重要な点は、全ての監査状況において根拠ある判断を行う能力をもつことである。

監査員は、被監査者の職場で監査活動を行う。このとき、監査場所では日常業務が行われているので、その業務に影響を及ぼさないように注意する(例：作業を止めさせない、作業の邪魔をしない)必要がある。また、被監査者とコミュニケーションをとっているため、周りの要員が監査員の言動に注目していることも認識する必要がある。

ISO 19011：2011(JIS Q 19011：2012)規格

d) 機密保持：情報のセキュリティ

監査員は、その任務において得た情報の利用及び保護について慎重であることが望ましい。監査情報は、個人的利益のために、監査員又は監査依頼者によって不適切に、又は、被監査者の正統な利益に害をもたらす方法で使用しないことが望ましい。この概念は、取扱いに注意を要する又は機密性のある情報の適切な取扱いを含む。

主に第二者監査では「機密保持」の原則が特に重要である。供給者を監査する場合には、自社の製品だけでなく、他社の製品、プロセス、固有技術についても目に触れることがあるのでこの原則が重要となる。

したがって、監査員は情報セキュリティに関するリスクについて理解しておく必要がある。

ISO 19011：2011(JIS Q 19011：2012)規格

e) 独立性：監査の公平性及び監査結論の客観性の基礎

　監査員は、実行可能な限り監査の対象となる活動から独立した立場にあり、全ての場合において偏り及び利害抵触がない形で行動することが望ましい。内部監査では、監査員は監査の対象となる機能の運営管理者から独立した立場にあることが望ましい。監査員は、監査所見及び監査結論が監査証拠だけに基づくことを確実にするために、監査プロセス中、終始一貫して客観性を維持することが望ましい。

　小規模の組織においては、内部監査員が監査の対象となる活動から完全に独立していることは難しい場合もあるが、偏りをなくし、客観性を保つあらゆる努力を行うことが望ましい。

「独立性」とは、監査員が他の者からいかなる支配も受けないようにするための考え方なので、監査で問題が出ないように、被監査者が都合のよい監査員を指名することは避けなければならない。また、内部監査員は、公平性の観点から内部監査員自身が行った業務を監査することはできない。これは、少人数の組織で内部監査を行う場合に特に注意する必要がある。

> ### ISO 19011：2011(JIS Q 19011：2012)規格
>
> f) 証拠に基づくアプローチ：体系的な監査プロセスにおい
> て、信頼性及び再現性のある監査結論に到達するための合理
> 的な方法
> 　　監査証拠は、検証可能なものであることが望ましい。監査
> は限られた時間及び資源で行われるので、監査証拠は、一般的
> に、入手可能な情報からのサンプルに基づくであろう。監査
> 結論にどれだけの信頼をおけるかということと密接に関係し
> ているため、サンプリングを適切に活用することが望ましい。

　「証拠に基づくアプローチ」とは、「監査の結論を導くため、正確な証拠がなければ適合性の判断を適切にすることはできないという考え方」である。

　また、決められた時間内で監査対象のすべての業務を監査できるわけではないため、監査では、サンプリングの手法が用いられる。このとき、監査員は母集団から証拠となるサンプルをとり、このサンプルについて適合又は不適合を判定する活動を行う。したがって、適切な判断を行うためにサンプリングが偏らないようにしなければならない。サンプルは、例えば、「生産数量の多いもの」「新製品」「最近変更した情報セキュリティ技術」「重要な環境側面」などのような母集団の代表になるような集団から選定することが大切である。

　最後に、監査員がとるとよい行動については、ISO 19011 の「7.2.2 個人の行動」に示されているので、参考にしてほしい。

> ### ISO 19011：2011(JIS Q 19011：2012)規格
>
> #### 7.2.2　個人の行動
> 　監査員は、箇条4に示す監査の原則に従って行動するために必要

な資質を備えていることが望ましい。監査員は、監査活動を実施している間、次の事項を含む専門家としての行動を示すことが望ましい。

—倫理的である。すなわち、公正である、信用できる、誠実である、正直である、そして分別がある。

—心が広い。すなわち、別の考え方又は視点を進んで考慮する。

—外交的である。すなわち、目的を達成するように人と上手に接する。

—観察力がある。すなわち、物理的な周囲の状況及び活動を積極的に観察する。

—知覚が鋭い。すなわち、状況を認知し、理解できる。

—適応性がある。すなわち、異なる状況に容易に合わせることができる。

—粘り強い。すなわち、根気があり、目的の達成に集中する。

—決断力がある。すなわち、論理的な理由付け及び分析に基づいて、時宜を得た結論に到達することができる。

—自立的である。すなわち、他人と効果的なやりとりをしながらも独立して行動し、役割を果たすことができる。

—不屈の精神をもって行動する。すなわち、その行動が、ときには受け入れられず、意見の相違又は対立をもたらすことがあっても、進んで責任をもち、倫理的に行動することができる。

—改善に対して前向きである。すなわち、進んで状況から学び、よりよい監査結果のために努力する。

—文化に対して敏感である。すなわち、被監査者の文化を観察し、尊重する。

—協働的である。すなわち、監査チームメンバー及び被監査者の要員を含む他人と共に効果的に活動する。

3.3 内部監査の目的、仕組み及び心構え

(1) 内部監査の目的

　内部監査の目的は、MSS 共通テキストの「9.2　内部監査」で XXX マネジメントシステムが次の a) と b) に関する状況を評価することであるとしている。

　a) では「組織が決めた XXX マネジメントシステムの仕組みどおりに実施しているか」及び「要求事項どおりに実施されているか」について評価することを要求している。いわゆる適合性を確認する活動、すなわち、統合 MS マニュアル、関連規程類、関連記録と実際の活動状況との確認を行う必要がある。

　b) では「組織の XXX マネジメントシステムが計画どおりの結果が出るように実施されており、かつ、変更管理が行われていることを評価すること」を要求している。いわゆる有効性を確認する活動、すなわち、活動結果であるパフォーマンスと目標との確認を行う必要がある。また、維持活動を確認する必要もある。

　以上のように、適合性と有効性の側面から内部監査を実施することが基本となる。

(2) 内部監査の仕組み

　内部監査は、**図 3.2** に示すように「要求事項を満たす仕組みができているか（意図の適合性）」「決めた仕組みのとおりに実施して結果が出ているか（実施状況の適合性）」「その結果は、要求事項の目的を達成しているか（有効性）」という視点で実施することが大切である。

　しかし、規格の要求事項だけに基づいた内部監査を行うだけでは、組織にとって十分とはいえない。このため、更に効果的な監査をするためには、次に示す ISO 9004：2009（JIS Q 9004：2010）規格「組織の持続

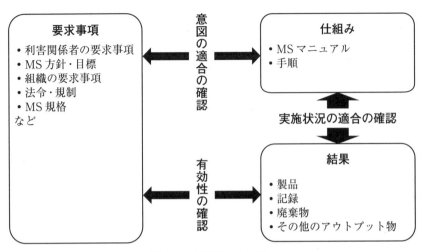

図 3.2　内部監査の仕組み

的成功のための運営管理―品質マネジメントアプローチ」の「8.3.3　内部監査」を考慮することが大切である。

ISO 9004：2009（JIS Q 9004：2010）規格

8.3.3　内部監査

…（中略）…

　内部監査は、問題、リスク及び不適合の特定、並びにそれまでの監査で特定された不適合の是正の完了段階における進ちょく（捗）状況の監視（これは、根本原因の分析、並びに是正及び予防処置の計画及び実施に焦点を合わせることが望ましい。）のための効果的なツールである。とられた処置が効果的であるということの検証は、組織の目標を達成するように改善された組織の能力の評価を通して決定され得る。また、内部監査は、（組織の他の分野への展開が考えられる）優れた実践事例の特定及び改善の機会に焦点を合わせることができる。

したがって、内部監査では、問題、リスク及び不適合の特定、並びに優れた実践事例の特定及び改善の機会に着目することで組織の能力の強み・弱みが評価できる。したがって、これらを踏まえた内部監査を実施することが大切である。

しかし、このような内部監査を行うためには、内部監査員の力量が重要なポイントになるため、組織が決めている内部監査の目的を達成できる監査員の力量を開発することが大切である。

(3) 監査員の心構え

内部監査員は、監査に際して次に示す行動をとることが大切である。

- 実際の記録、マニュアルや手順などの情報から MS の運営管理の状況を把握する。
- 質問内容が明確でないために、被監査者が答えられないようなことがないようにするため、質問を理解させるように努力する。
- 誘導尋問や反語的質問は避ける。
- 不適合を検出するのが目的でなく、適合性を確認するのが監査の目的であることに注意する。
- 表面的な指摘ではなく、被監査者の MS に関する能力について評価する。
- 被監査者から「価値ある監査である」という評価がもらえるような監査を行う。

3.4 監査で考慮すべき附属書 SL の特徴

各 MS 要求事項では、事業活動と一体化した運営管理を行うことを狙っている。このため、QMS の定義は「品質に関する MS の一部」、EMS の定義は「MS の一部で、環境側面をマネジメントし、順守義務を満た

し、リスク及び機会に取り組むために用いられるもの」とされる。また、ISMS の定義はないが、「MS の一部で、情報セキュリティに取り組むために用いられるもの」と考えると、各 MS は事業活動と一体化できる（**図 1.1**）。

これらの MS に共通するもので事業活動の基本となるものが、方針管理と日常管理である。したがって、統合 MS の運営管理を行うためには、これらの仕組みを取り入れることが大切である。

(1) 事業計画のプロセス

各 MS ではプロセスアプローチの考え方が強化されているので、規格の構造が PDCA サイクルになっている。このため、箇条 4 では事業プロセスとの統合の考え方が明確になっており、方針管理の考え方を含んでいる。また、プロセス保証という視点では、日常管理の考え方を考慮しているので、監査員はこれらの MS を運営管理する基本となる方針管理と日常管理を理解することが大切である。

事業活動を導くのは事業計画の展開・運用である。事業計画とは、方針管理、すなわち年度方針の展開（PDCA サイクル）、及び日常管理、すなわち日常業務の展開（Standardize — Do — Check — Act サイクル）を行うことである。

方針管理とは、「改善や革新を行う活動であり、事業環境を考慮して前年度より高い目標（革新の場合には挑戦的な目標）を設定し、これに基づく方策を決め、運営管理を行うこと」である。

一方、日常管理とは、「各部門で日常的に実施する業務の維持向上を行う活動であり、作業手順に基づいた運営管理を行うこと」である。

図 3.3 に方針管理と統合 MS との関係、**図 3.4** に日常管理と統合 MS との関係を示す。なお、それぞれの図中の箇条は「各 MS 要求事項の要素」である。

3.4 監査で考慮すべき附属書 SL の特徴　63

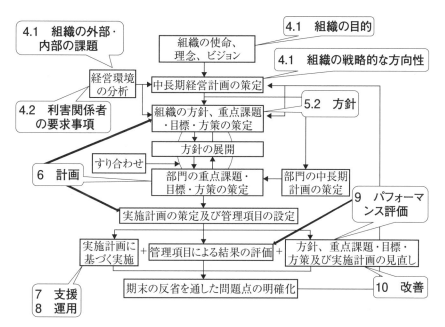

図 3.3　方針管理と統合 MS との関係

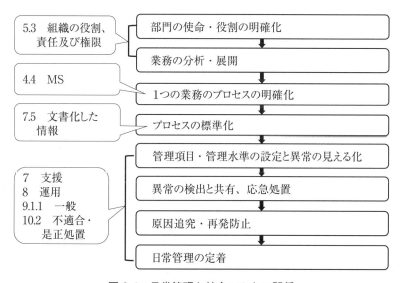

図 3.4　日常管理と統合 MS との関係

64　　第 3 章　内部監査の基本

　このため、内部監査では、パフォーマンスを向上するための活動を適切に評価することが要求されるので、「事業計画を中心とした監査」と「プロセス保証の実施状況についての監査」に着目した方法を採用することが基本である。したがって、監査員は、従来の監査技術に加え、パフォーマンスを中心とした監査技術を保有することが大切である。

　事業活動は、品質、コスト、量・納期、安全、環境、情報セキュリティなどの経営要素に関する運営管理を行っている。このため、年度の経営方針の展開では、これらの経営要素について**図 3.3** に示す仕組みで PDCA サイクルを回している。

　したがって、監査員は、統合 MS の方針展開を監査する際には、品質、コスト、量・納期、安全、環境、情報セキュリティについてそれぞれの部門でこれらの要素を同時に監査する必要がある。

　方針管理と各 MS 要求事項の関係を**表 3.1** に示す。

表 3.1　方針管理と各 MS 要求事項の関係

方針管理の項目	ISO 9001	ISO 14001	ISO/IEC 27001
社長のリーダーシップ	5.1.1　一般	5.1　リーダーシップ及びコミットメント	5.1　リーダーシップ及びコミットメント
中長期経営計画の策定	4.1　組織及びその状況の理解	4.1　組織及びその状況の理解	4.1　組織及びその状況の理解
方針の策定	4.1　組織及びその状況の理解 • 組織の目的及び戦略的な方向性に関連する外部・内部の課題 • QMS の意図した結果を達成する組織の能力に影響を与える外	4.1　組織及びその状況の理解 • 組織の目的に関連する外部・内部の課題 • EMS の意図した成果を達成する組織の能力に影響を与える外部・内部の課題	4.1　組織及びその状況の理解 • 組織の目的に関連する外部・内部の課題 • ISMS の意図した成果を達成する組織の能力に影響を与える外部・内部の課題

3.4 監査で考慮すべき附属書 SL の特徴　65

表3.1　つづき

方針管理の項目	ISO 9001	ISO 14001	ISO/IEC 27001
方針の策定	部・内部の課題 5.2　方針	5.2　環境方針	5.2　方針
方針の展開	6.1　リスク及び機会への取組み 6.2　品質目標及びそれを達成するための計画策定	6.1　リスク及び機会への取組み 6.2　環境目標及びそれを達成するための計画策定	6.1　リスク及び機会に対処する活動 6.2　情報セキュリティ目的及びそれを達成するための計画策定
すり合わせ	7.4　コミュニケーション	7.4　コミュニケーション	7.4　コミュニケーション
実施計画に基づく実施	7　支援 8　運用	7　支援 8　運用	7　支援 8　運用
実施状況の確認	9　パフォーマンス評価	9　パフォーマンス評価	9　パフォーマンス評価
実施状況の確認結果に対する処置	10　改善	10　改善	10　改善
期末のレビュー	9.3　マネジメントレビュー	9.3　マネジメントレビュー	9.3　マネジメントレビュー
方針管理の推進	5.1.1　一般 7.3　認識	5.1　リーダーシップ及びコミットメント 7.3　認識	5.1　リーダーシップ及びコミットメント 7.3　認識
方針管理の教育	7.2　力量	7.2　力量	7.2　力量

　例えば、製造部門の監査を行う場合には、品質目標の展開状況、環境目標の展開状況、情報セキュリティ目的の展開状況について、それぞれサンプルをとり、その活動状況を監査する必要がある。このためにも、この方針管理の機能を十分理解することが大切である。

　一方、方針展開だけでなく、各部門が日常的に実施する活動について

66　第3章　内部監査の基本

も監査する必要がある。この日常的な業務を行うことが日常管理であり、その基本的な仕組みは、**図3.4**に示すSDCAサイクルを回すことである。このため、監査員は、監査対象部門の業務活動を理解していくことが大切である。

(2)　リスクへの対応

　事業活動を行ううえで、事業プロセスに与えるリスクを考えることが重要である。問題が発生した後では、時間的及び経済的な損失を被るので、問題が発生しないようにリスクを考えて事前に対応することが大切である。

　ISO 9001ではリスクに基づく考え方を「0.1　一般」に記載している。

ISO 9001（JIS Q 9001）：2015規格

0.1　一般

　…（中略）…

　組織は、リスクに基づく考え方によって、自らのプロセス及び品質マネジメントシステムが、計画した結果からかい（乖）離することを引き起こす可能性のある要因を明確にすることができ、また、好ましくない影響を最小限に抑えるための予防的管理を実施することができ、更に機会が生じたときにそれを最大限に利用することができる（A.4参照）。

　リスクは、MSのあらゆる側面に本来備わっており、「すべてのシステム、プロセス及び機能にリスクがある」という考え方である。このリスクに基づく考え方は、リスクがMSの設計及び利用全体を通して、特定され、考慮され、管理されることを確実にするものとしている。

　ISO 9001：2008では予防処置は独立した箇条になっていた。しかし、ISO 9001：2015になり、リスクに基づく考え方をとることで、リスク

への考慮は不可分なものとなった。これにより、リスクの早期の特定及び取組みを通して、望ましくない影響の予防又は低減が、後追いではなく、先取りできるようになる。したがって、MSがリスクに基づいたものとなれば、予防処置が備わるようになる。

ISO 9001：2015の各箇条では、リスクに基づく考え方を次のように用いている。

- 序文：リスクに基づく考え方の概念が説明されている。
- 箇条4：組織は、自らのQMSのプロセスに関連したリスク及び機会に取り組むことが要求されている。
- 箇条5：トップマネジメントは、次の事項を行うことが要求されている。
  ―リスクに基づく考え方に対する認識を促進する。
  ―製品及びサービスの適合に影響を与え得るリスク及び機会を決定し、取り組む。
- 箇条6：組織は、QMSのパフォーマンスに関連するリスク及び機会を特定し、それらに対して適切な取組みを行うことが要求されている。
- 箇条7：組織は、必要な資源を明確にし、提供することが要求されている（リスクは、"suitable"又は"appropriate"と記載されているときには常に含まれている）。
- 箇条8：組織は、運用プロセスを管理することが要求されている（リスクは、"suitable"又は"appropriate"と記載されているときには常に含まれている）。
- 箇条9：組織は、リスク及び機会への取組みの有効性を監視し、測定し、分析し、評価することが要求されている。
- 箇条10：組織は、望ましくない影響を修正し、防止し又は低減し、かつ、自らのQMSを改善し、リスク及び機会を更新するこ

68　第3章　内部監査の基本

とが要求されている。

第**4**章

内部監査技術と
その適用例

70 第4章 内部監査技術とその適用例

4.1 内部監査員の力量

　力量とは「意図した結果を達成するために、知識及び技能を適用する能力」である。したがって、「内部監査員の力量」とは、「内部監査の目的を達成するために必要な知識及び技能を使って統合 MS の評価をできる能力」である。このため、内部監査員に対し、この力量をもてるような教育訓練を継続して行う必要がある。

　しかし、監査の目的は組織の MS の成熟度によって相違している。例えば、①「MS が要求事項を満たしているか」を評価する、②これに加え「有効に機能しているか」を評価する、③更にこれに加え「効率的に実施されているか」を評価するなどの目的がある。これらの目的のレベルを組織自身で決めたうえで、この目的を達成するために必要な内部監査員の力量を明確にすることが大切である。

　組織が意図する監査活動を行うためには、内部監査員には次に示す知識と技能が必要となる。

(1)　知識

　知識には、次に示す管理技術と固有技術に関するものがある。

(a)　管理技術

　事業活動を実施するために必要な、監査対象の業務、品質管理の原則、プロセス設計法、各 MS の要素[1]、管理・改善のための管理技術、組織で使用している統計的方法、MS の用語、ISO の MS 規格、内部監査手順などがある(表 4.1)。

---

　1)　例えば、方針管理、日常管理、リスク管理方法、標準化技法、設計管理技法、設備管理技法、顧客管理方法、法令・規制要求事項、環境管理、安全管理、健康管理、情報セキュリティなどである。

(b) 固有技術

　監査対象で用いられているプロセス特有の技術であり、ものを作ったり、サービスを提供したりするときに必要な技術である。例えば、設計

表 4.1　管理技術に関する力量（例）

力量	QMS	EMS	ISMS
監査対象の業務知識	○	○	○
品質管理の原則の理解	○		
環境管理の理解		○	
情報セキュリティ管理の理解			○
プロセスの設計法の知識	○	○	○
管理・改善のための管理技術の理解	○	○	○
組織で使用している統計的方法の知識	○	△	△
標準化に関する知識	○	○	○
ISO の MS 規格の知識	○	○	○
監査技法	○	○	○

表 4.2　固有技術に関する力量（例）

力量	QMS	EMS	ISMS
配線技術	○	△	
ハンダ技術	○	△	
金型製造技術	○	△	
射出成型技術	○	△	
板金技術	○	△	
メッキ処理技術（廃液処理、人体への影響）	○	○	
塗装技術（廃液処理、人体への影響）	○	○	
製品（ソフトウェアを含む）測定技術	○	○	
自動機設計技術	○	△	
製品設計技術	○	○	
試作評価技術	○	○	
廃液処理技術		○	
情報セキュリティ技術			○

開発、製品加工、環境測定、情報セキュリティなどの技術がある（**表 4.2**）。

(2) 技能

内部監査を行うための技術であり、次に示す基礎技術と応用技術がある。

(a) 基礎技術

観察技術、サンプリング技術、質問技術、チェックシート作成技術、評価技術、記録技術、是正処置評価技術

(b) 応用技術

有効性評価技術、プロセスアプローチ技術

4.2 観察技術

観察するとは、物事の様相をありのままに詳しく見極め、そこにある種々の事情を知ることであり、MS の活動状況を事実に基づいて的確に把握することである（**図 4.1**）。このためには、次の事項に着目するとよい。

(a) プロセスのインプット

「プロセスを動かすために必要なインプットが漏れていないか」に着目する。すなわち、「これらのインプットでプロセスが動くか」を確認することである。

(b) プロセスからのアウトプット

「期待したとおりのアウトプットが明確になっているか」に着目する。

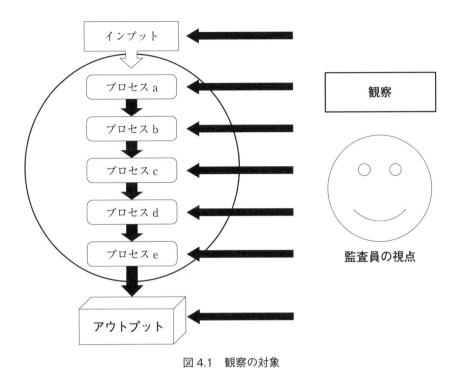

図 4.1 観察の対象

すなわち、「次のプロセスに必要なアウトプットが提供されているか」を確認することである。

(c) プロセスのパフォーマンスとそのデータ

「プロセスのパフォーマンスが明確にされ、そのデータ分析が行われ、改善のために活用されているか」に着目する。すなわち、「プロセスを適切に評価するためのパフォーマンスが定義されているか」を確認することである。

(d) 仕事のやり方のばらつき

「仕事のやり方が一定していない場合に、プロセスのパフォーマンス

に関する問題が発生していないか」などに着目する。すなわち、「仕事のやり方にばらつきが大きい場合、プロセスの結果に与える影響が大きくなり、問題が発生する可能性が高くなってはいないか」を確認することである。

【仕事のやり方のばらつき(例)】

- 記録の書き方が要員によって異なる(測定値について小数点1桁と小数点2桁が混在している)。
- 作業手順が要員によって異なる(Aさんはネジを準備してから作業に取り掛かる。Bさんはネジ箱から直接取って作業をしている)。
- 収集しているデータに異常値の大きなものがある(他のデータとは違って、大きく離れたデータがある)。
- データの推移の変動が大きい(データが徐々に大きくなったり、上昇・下降したりする)。
- 同じ作業を行っている要員の力量のレベル差が大きい。
- 製品・サービスの特性の変動が大きい(製造ロットごとに特性が大きくなったり小さくなったりしている)。

なお、観察を通じて情報を収集する方法には、主に「面談」「観察」「記録を含む文書のレビュー」の3つがある。

情報源については、ISO 19011：2011(JIS Q 19011：2012)規格の「附属書B　(参考)監査を計画及び実施する監査員に対する追加の手引」のB.5に次のように記載されている。

4.2 観察技術　75

> ### ISO 19011：2011(JIS Q 19011：2012)規格　附属書B
>
> #### B.5　情報源の選定
>
> 　選定する情報源は、監査の適用範囲及び複雑さに応じて異なっても よく、それには次の事項を含んでもよい。
>
> 　　―従業員及びその他の人との面談
>
> 　　―活動、周囲の作業環境及び作業条件の観察
>
> 　　―方針、目的、計画、手順、規格、指示、許認可、仕様、図面、 契約及び注文のような文書
>
> 　　―検査記録、会議の議事録、監査報告書、監視プログラムの記 録及び測定結果のような記録
>
> 　　―データの要約、分析及びパフォーマンス指標
>
> 　　―被監査者のサンプリング計画に関する情報、並びにサンプリ ングプロセス及び測定プロセスを管理するための手順に関す る情報
>
> 　　―その他の出所からの報告書。例えば、顧客からのフィード バック、外部の調査及び評価結果、外部関係者からのその他 の関連情報及び供給者のランク付け
>
> 　　―データベース及びウェブサイト
>
> 　　―シミュレーション及びモデリング

　監査対象場所には多くの情報が存在している。したがって、監査対象 プロセスを監査するためには、事前に「どのような情報があるのか」を 確認することが大切である。

　例えば、検査プロセスには次のような情報が存在するので、一つひと つに注意する。

- 検査記録
- 検査手順
- 検査項目(標準)
- 合格・不合格の表示

- 再検査記録
- 計測器の校正履歴
- 不適合品の是正処置報告書
- 検査中・検査前の表示
- 供給者の評価記録
- 作業環境(クリーン度、温湿度など)
- 環境側面一覧表

- 限度見本
- 不適合品の置場
- 是正処置件数
- 検査後の製品保管場所
- 供給者との連絡会記録
- 検査員の教育履歴
- 情報資産台帳

4.3 サンプリング技術

(1) サンプリングの考え方

ある部門の統合MSにおけるすべての活動を評価できる監査時間は限られている。このため、監査中は、監査の目的、範囲及び基準に関連する情報(部門、活動及びプロセス間のインタフェースに関連する情報を含む)を、適切なサンプリング手段によって収集し、検証することになる。

サンプリングでは次の事項を考慮する必要がある。

- 検証可能な情報だけを監査証拠として採用する。
- 監査所見を導く監査証拠は記録する。

このサンプリングについての考え方は、ISO 19011：2011(JIS Q 19011：2012)規格の「附属書B （参考)監査を計画及び実施する監査員に対する追加の手引」の「B.3.1 一般」「B.3.2 判断に基づくサンプリング」に次のように記載されている。

ISO 19011：2011(JIS Q 19011：2012)規格 附属書B

B.3.1 一般

監査サンプリングは、監査の間に全ての利用可能な情報を調査するのが現実的ではない場合、又は費用対効果が高くない場合、例え

ば、記録が、母集団内の全ての対象を試験して正当化するにはあまりに膨大であったり、地理的に分散している場合に行われる。大きな母集団からの監査サンプリングは、母集団に関する結論を形成するために、母集団の特性についての証拠を得て評価する際、全ての利用可能なデータセット（母集団）の中から、対象の100 ％未満を選定するプロセスである。

監査サンプリングの目的は、監査員に、監査目的を達成できる又は達成するであろうという確信をもてる情報を提供することである。

サンプリングに付随するリスクは、サンプルが選定された母集団を代表していない可能性があるということであり、その結果、監査員の結論が偏って、母集団の全てを調査したものとは異なるかもしれない。サンプルとされる母集団のばらつき及び選択される方法によっては、他のリスクがある場合がある。

監査サンプリングは一般的に次のステップを含む。

　　—サンプリング計画の目的を設定する。

　　—サンプルとされる母集団の範囲及び構成を選定する。

　　—サンプリングの方法を選定する。

　　—サンプルサイズを決定する。

　　—サンプリング活動を実施する。

　　—結果をまとめ、評価、報告及び文書化する。

サンプリングするとき、サンプリングの不十分かつ不正確なデータは、有用な結果をもたらさないので、利用可能なデータの質を考慮することが望ましい。例えば、特定の行動パターンを推察する、又は母集団全体の推察を引き出すための適切なサンプルの選定は、サンプリングの方法及び求められるデータの種類の両方に基づくことが望ましい。

> **ISO 19011：2011(JIS Q 19011：2012)規格　附属書B**
>
> **B.3.2　判断に基づくサンプリング**
>
> 　判断に基づくサンプリングは、監査チームの知識、技能及び経験に基づく(箇条7参照)。
>
> 　判断に基づくサンプリングのために、次の事項を考慮し得る。
>
> 　　―監査範囲内のこれまでの監査経験
>
> 　　―監査の目的を達成するための要求事項(法的要求事項を含む)の複雑さ
>
> 　　―組織のプロセス及びマネジメントシステム要素の複雑さ及び相互関係
>
> 　　―技術、人的要因又はマネジメントシステムの変更の度合い
>
> 　　―これまでに特定された重要なリスク領域及び改善領域
>
> 　　―マネジメントシステムの監視からのアウトプット

　以上の考え方をもとに、サンプリングを行うためには、偏りがないように監査証拠の対象となる母集団の代表となるものを選ぶようにする必要がある。したがって、監査では**図4.2**に示すようにサンプルの適合性

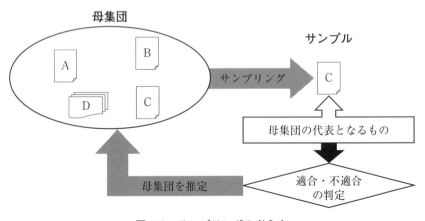

図4.2　サンプリングの考え方

評価の結果に応じて、母集団の適合性を推定することになる。このため、サンプルが不適合となった場合には、被監査者は「母集団に不適合が含まれているか否か」を確認する必要がある。

サンプリングにおけるサンプル選定では、次の事項を考慮する必要がある。

① サンプルは監査員が選定する。

監査の主体は、監査員であることを認識する。被監査者が選定したサンプルでは、必要な情報が得られない可能性があったり、問題のないものが提示されたりすることがあり得るからである。

② 監査対象の母集団の代表となるものを選定する。

代表的なものでなければ重箱の隅を監査することになるので注意が必要である。ほとんど活動実績がないものを選定しても意味がない。

③ サンプルは、次に示すように事前に選定する場合と監査時点で選定する場合がある。

1) 事前に選定する場合

製品、製造ライン、顧客要求事項、供給者、環境側面、情報資産、法令・規制要求事項などは事前情報に基づいてあらかじめ選定しておくと効率的である。

2) 監査時点で選定する場合

監査時点では数多くの情報がプロセスに含まれているので、そのなかで観察した結果をもとにサンプルを選定する。この場合にも偏らないで選定することが大切である。

④ サンプルは2個以上選定する。

サンプルは多いほうが精度は高くなるが、監査時間は限られているので、少なくとも2個、多くても3個を選定することで母集団の適合性を次のように判断できる（**図 4.3**）。

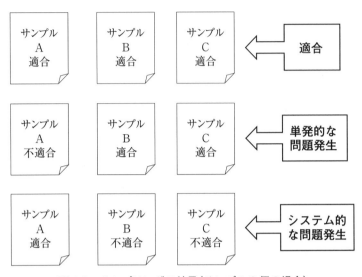

図 4.3　サンプリングの結果（サンプル 3 個の場合）

1) サンプルを 3 個選定した場合
    - 3 個とも適合の場合：監査対象の母集団が適合と判断する。
    - 3 個のうち、1 個が不適合の場合：監査対象の母集団に一部不備があると判断する。
    - 3 個のうち、2 個又は 3 個が不適合の場合：監査対象の母集団に問題があると判断する。
2) サンプルを 2 個選定した場合
    - 2 個とも適合の場合：監査対象の母集団が適合と判断する。
    - 1 個目が適合の場合：追加のサンプルをとる。次のサンプルが不適合の場合、更にサンプルを追加する。これが適合であれば、監査対象の母集団に一部不備があると判断する。
    - 1 個目が不適合の場合：追加のサンプルをとる。次のサンプルが不適合の場合、更にサンプルを追加する。これが不適合であれば、監査対象の母集団に問題があると判断する。

(2) サンプリングの事例

各 MS に関するサンプリングのやり方の例を次に示す。

(a) QMS

例えば、5 台稼働している設備の日常点検の適切性を確認する場合、最近定期点検を行った設備、最近修理を行った設備、設備の種類などを考慮してサンプリングする。

(b) EMS

例えば、環境影響評価に関する記録の適切性を確認する場合、著しい環境側面、リスクが低いと判断した環境側面、最近設置した設備の環境側面などを考慮してサンプリングする。

(c) ISMS

例えば、顧客(10 社)との契約書を確認する場合、機密情報に関する内容の適切性を確認するためには、顧客に関するセキュリティ情報のレベル、情報漏えい発生時の損失の程度などを考慮してサンプリングする。

4.4 質問技術

(1) 基本的な考え方

監査では、監査員の質問事項が監査の質に大きく影響するので、「質問」については次の事項を考慮するとよい。

- 被監査者が日常的に用いている言葉で話す。
- 相手の話をよく聴くことで効果的な監査をできるようにする。

  監査とは英語では「audit」であり、語源は音響とか聴取といった意味をもつ「audio」から派生したもので、「聴く」という意味

である。この意味に沿うように、ただ単に統合 MS の活動状況をチェックするのではなく、よく聴いて判断することが大切である。
- 質問するときには、「誰に質問するのか」を明確にしたうえで、ゆっくり話して、質問内容を相手にわかるようにする。
- 質問は、事前に準備したチェックリスト(要求事項ごとに監査の視点を記述したもの)、チェックシート(監査する重点項目を記述したもの)や観察した結果をもとに行う。思いつきの質問は被監査者の混乱を招くので注意が必要である。なお、観察・質問はどちらから始めてもよいが、規程類を先に監査するのは良い監査とはいえない。なぜならば、規程に沿って確認を行うとこれを順番に確認することになるため、それに時間がかかり、監査時間が不足することになるからである。

監査での質問は被監査者が受け答えをスムーズにできるように、**図 4.4** に示すように論理的な順番で質問することが大切である。このような方法で質問をしなければ、被監査者が混乱し、間違った回答をする場合が多いので注意が必要である。

例えば、A について質問し、次に A1、更に A11、A12 について質問する。又は、A1 について質問し、次に A2 について質問した後に、問題と思われる A21、A22 について質問することが効果的である。しかし、A1 について質問し、次に A31 に飛び、更に B1 に飛んで質問する

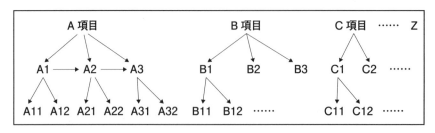

図 4.4　有効な質問の方法

と論点がずれてしまうので、被監査者が混乱して回答に行き詰る事態が
起こる。

(2) 質問方法
　質問は監査対象の状況によって次に示す(a)(b)のいずれかを採用する。

(a) 文書化されている手順の質問方法
　この場合は監査基準が規程類で明確になっているので、この基準との
差を確認すれば適合性の評価を行うことができる。このため、次に示す
方法で監査するとよい。
　① 「監査中の作業が手順書どおりに実施されているか」を確認する。
　　　作業者に「どの作業手順書に従って作業をすることになってい
　　ますか」と質問する。
　② 「文書化された手順で決められたとおり記録がとられ、決めら
　　れたとおり記録が正しく記入されているか」「作業者がその記録
　　が理解できるかどうか」を確認する。
　③ 作業者に「どの作業手順書に従って記録を作成していますか」
　　と質問する。

(b) 文書化されていない手順の質問方法
　この場合は監査基準が規程類で記載されていないので、監査基準を作
業者から聞き出すことになる。このため、次に示す方法で監査するとよい。
　① 作業者に「どのような作業手順で作業をすることになっていま
　　すか」と質問する。
　　→答えられれば「手順がある」と判断する。
　② 何人かで同じ作業を行っている場合は、2〜3人に作業の方法を
　　質問する。

84　第4章　内部監査技術とその適用例

　　→質問した内容について、同じ答えが返ってくれば「手順がある」
　　　と判断する。

(c)　質問の仕方

　監査は、監査員と被監査者とのコミュニケーションに基づいて多くの
情報を手に入れることになる。このため、一般的にはQ＆Aの形となる
ので、被監査者から数多くの情報を収集できるような質問を行うことが
大切である。

　次の表4.3で、×はよくない質問の例(プロセスに関する情報が不足
している)、○は望ましい質問の例である。×のように、「手順はありま
すか」などと質問して「はい」「いいえ」の答えが返ってくるような方
法で行わないことがポイントである。なぜならば、「はい」「いいえ」だ
けではプロセスに関する情報が不足することが多いからである。また、
「このような方法で作業することになっているのではないか」という限
定した言い方ではなく、あくまでも事実を確認する質問をすることが基
本である。したがって、よい質問とは次のように被監査者に説明を求め

表4.3　よくない質問と望ましい質問(例)

質問の種類	質問(例)
①　作業手順に関する 　　質問	×：作業手順はありますか。 ○：作業はどのような方法で実施していますか。 ○：この手順で行う目的を説明してください。
②　記録に関する質問	×：記録はありますか。 ○：記録をとる目的は何ですか。 ○：記録の記入方法を説明してください。
③　不適合製品の取扱 　　いに関する質問	×：不適合製品の置き場はありますか。 ○：不適合製品が出た場合の処置はどのようにしていますか。
④　測定機器の校正に 　　関する質問	×：測定機器は校正していますか。 ○：測定機器の校正方法について説明してください。

るものである。

- マニュアルに「作業を確実にする」と書いてありますが、どのような方法で作業を行っていますか。
- この作業手順はどのようにして決められていますか。
- 作業手順書が変更になる場合の手順を説明してください。
- このプロセスで収集しているデータをどのように活用していますか。

(d) 活動状況に関する質問の仕方

　監査では文書や記録だけを確認するのではなく、プロセスの活動状況を確認することも大切である。製造部門では、現場の製造プロセスを確認したり、統合 MS 文書と記録との対比をしながら監査することで、プロセスの活動状況を評価できる。また、設計開発プロセスのデザインレビューの活動状況を監査する方法として、監査員がデザインレビューに立ち会って監査することでデザインレビューの活動状況を確認することができる。このような方法は、マネジメントレビューやその他のプロセスにも適用できる。

　活動状況の確認方法には次の表 4.4 のようなものがある。

表 4.4　活動状況の確認方法（例）

確認方法	質問（例）
プロセスの活動状況の確認方法	この作業にはどのようなリスクが存在しますか。
異常時の対応の確認方法	工程異常や緊急事態などが発生した場合には、どのような方法で対応していますか。
プロセス間の相互関係の確認方法	製造部門で問題が発生した場合には、関連する部門にどのような方法でフィードバックしていますか。
規程などが曖昧な表現な場合の確認方法	「迅速に処置をする」と規定されていますが、迅速の許容値はどの程度ですか。
計画が未達成な場合の確認方法	計画どおりに進まないことでパフォーマンスにどのような影響がありますか。

86 第4章 内部監査技術とその適用例

　また、監査ではプロセスの活動に関して単なる質問ではなく、多くの情報を得るために**表4.5**に示すような有効な質問をすることが大切である。

表4.5　有効な質問(例)

事例(Q：QMS、E：EMS、I：ISMS)	質問(例)
製造課では、品質方針の達成のために「今年度の品質目標を工程内不良率1%以下と定め、月次管理を行うこと」としている。しかし、工程内検査における不良率を確認したところ、10月から今月までの5カ月間は2%台となっていた。(Q)	・目標が未達成ですが、目標達成のための活動状況を説明してください。 ・不適合の定義を説明してください。
工程管理の状態を確認したところ、製造1課では、毎日作業者が工程パラメータを管理図にインプットしていた。その結果は課長が四半期に1回チェックし、必要な場合は是正を指示していることが記録から判断できた。(Q)	・課長が四半期に1回チェックする目的を説明してください。
○○部門では環境側面のリスク評価表を作成し、これを維持することとなっていたので、△△課のリスク評価表を確認したところ、新規設備のリスク評価が記入されていなかった。(E)	・リスク評価の時期はどのようにして決めたのですか。 ・新規設備のリスク評価が遅れるとどのような影響があるのですか。
○○課では、騒音のレベルを四半期ごとに測定する手順であったので、その結果を確認したところ、今年度は4月40db、7月46db、11月49db、3月55dbとなっていた。なお、目標値は55db以下となっていた。(E)	・騒音レベルが上昇傾向ですが、目標は達成しているのですか。 ・近所から騒音に対して苦情が出ていませんか。 ・測定時期が定期的でない理由を説明してください。
○○課では、社内LANの接続時間を測定しており、その結果を月1回MS委員会へ報告していることが議事録からわかった。(I)	・接続時間を測定する目的を説明してください。 ・測定の結果からどのような問題が発生しているのかを説明してください。
○○課では、パソコンの持ち出しについては課長の許可を得てから外部への持ち出しを行うことになっているが、許可の証拠が残されていなかった。(I)	・パソコンの持ち出しについて、社員にどのように周知していますか。 ・課長が不在の場合には、どのような手順で許可していますか。

4.5 チェックシートの作成技術

　内部監査では、監査事務局が作成したチェックリストを使って統合MSの評価を行うことが一般的であるが、これだけに頼っていると監査のサンプルは相違しても毎回同じ活動内容を確認することになり、内部監査のマンネリ化につながってしまう。このような状態にならないようにするために、監査員自身が監査対象についての評価をするために必要な質問事項を準備するためのチェックシートを個別に作成することで、効果的かつ効率的な監査ができるようになる。これが監査の作業文書に該当する。このチェックシートの作成手順は次のようになる。

（手順1）　監査目的及び監査項目の確認
　監査事務局から指示された監査目的（今回の監査のねらいなど）及び監査項目を確認する。

（手順2）　監査範囲の確認
　監査事務局から指示された監査範囲（監査対象や監査対象の期間など）を確認する。

（手順3）　監査基準の確認
　対象となる MS の基準（規程類、規格要求事項、法令規制要求事項など）を確認する。

（手順4）　監査対象組織の統合 MS の運営管理状況の確認
　監査対象組織の目標の達成状況、法令・規制要求事項を含む前回の監査からの変化点などを確認する。

（手順5）　重点とすべき監査項目についての重要な要求事項の特定

　（手順4）で得た情報をもとに、監査員として重点的に確認したい項目（活動状況から能力不足があると考えられる項目）を特定する。

（手順6）「どのような情報が必要なのか」の明確化

　調査を行うに当たって「どのような情報を入手すればよいか」を明確にする。

（手順7）　質問の意図の明確化

　（手順5）及び（手順6）から「どのような活動を確認したいのか」について意図を明確にする。

（手順8）　具体的な質問の決定

　（手順7）の意図に応じてどのような質問をするのかを決める。

　次に示す QMS、EMS、ISMS の活動状況を（a）～（c）を考慮して作成したチェックシートの例を**表4.6**～**表4.8**に示す。

(a)　QMS の監査対象の活動状況

　製造部で不適合品率の目標が 0.5% 以下／月になっているが、事前に確認した情報では 3 カ月連続目標未達成になっていることが月次報告書でわかった。

(b)　EMS の監査対象の活動状況

　○○部門の監査を担当することになった。第一四半期の環境目標が未達成という情報を事前に確認した。

4.5 チェックシートの作成技術 89

表4.6 QMS のチェックシートの作成（例）

重点監査項目は何か	重要な QMS 要求事項は何か	調査するためにどのような情報が必要か	どのような活動を確認したいのか	どのような質問をするのか
工程管理	9.1.3　分析及び評価	不適合品率の分析結果	統計的方法を活用しているか	不適合品率の分析をどのように行っていますか？
	10.2　不適合及び是正処置	是正処置の活動状況	目標未達成の原因を追究しているのか	目標未達成の原因をどのようにして追究していますか？

表4.7 EMS のチェックシートの作成（例）

重点監査項目は何か	重要な EMS 要求事項は何か	調査するためにどのような情報が必要か	どのような活動を確認したいのか	どのような質問をするのか
環境目標の達成状況	6.2　環境目標及びそれを達成するための計画策定	環境目標に関する事業計画報告書（月次）	目標達成のための実施事項が行われているか。	現在の実施事項の進捗状況についてどう考えていますか？
	9.1　監視、測定、分析及び評価	環境目標の推移グラフ	目標達成のための改善活動が行われているか。	目標未達成のときにはどう対応をしますか？

表4.8 ISMS のチェックシートの作成（例）

重点監査項目は何か	重要な EMS 要求事項は何か	調査するためにどのような情報が必要か	どのような活動を確認したいのか	どのような質問をするのか
情報資産の追加の状況	6.1.2　情報セキュリティリスクアセスメント	・追加された重要な情報資産 ・リスクアセスメントの結果 ・管理策	リスクアセスメントの維持が行われているか。	情報資産の追加に伴ってどのプロセスに処置をしましたか？
			追加された情報資産と管理策の関係を明確にしているか。	管理策への影響をどのように評価しましたか？

(c) ISMS の監査対象の活動状況

○○課で先月情報資産が追加されているという情報を事前に確認した。

一方、チェックリストを作成する際には確認項目の意図を記載することで効果的なチェックリストの作成をすることができる。

例えば、「"作業手順書に記載されたとおりに作業を行っているか"を確認したい意図は何か」を明確にすれば、監査の視点のばらつきを少なくすることができる。確認したい意図としては、「手順どおりに行わなければ、計画どおりのアウトプットが得られなくなり、製品・サービスに影響を与える(不適合製品の発生につながったり、環境法令、情報セキュリティ法令などを満たすことができなくなるなど)ため」といったものが考えられる。

このように、チェックリスト作成に当たっては、確認の意図を明確にしておくことが大切である。

4.6 評価技術

監査では、監査基準と活動状況の証拠を対照させて、適合性の評価を行うことが基本である。このため、監査基準は監査員の主観であってはならない。

この監査基準は、組織が定めた要求事項、例えば統合 MS マニュアルや関連規程に関する取決め事項であるので、これらの要求事項の関連性について理解しておくことが大切である。

例えば、製品の監視・測定に関する ISO 9001 の要素、環境目的・実施計画に関する ISO 14001 の要素、及びリスクアセスメントに関する ISO/IEC 27001 の要素で重視すべき規格要求事項の関係を**図 4.5〜図 4.7** に示す。

このように相互関係のある要素を考慮しながら監査を行えば、関連する要求事項についてシステム的な評価が可能となる。

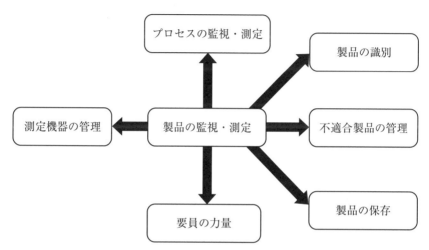

図 4.5　製品の監視・測定に関する ISO 9001 の要素

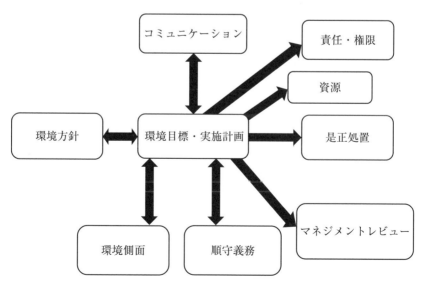

図 4.6　環境目的・実施計画に関する ISO 14001 の要素

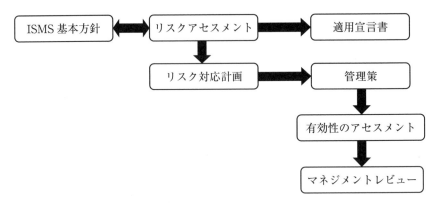

図 4.7 リスクアセスメントに関する ISO/IEC 27001 の要素

4.7 記録技術

　監査では、監査員の質問に対する被監査者の回答や確認した事実を記録する必要があり、監査で確認した情報を 4W1H(When、Where、Who、What、How)で明確にし、監査所見の作成や監査報告書の作成に役立たせることができる。

(1) 監査時のメモ作成方法

　記録の基本は 4W1H であり、確認した結果については事実のみについて確認できるように、キーワードを記録しておくとともに「判断した基準は何か」についてもメモに残しておく必要がある。

　メモの例を次に示す。この程度のメモがあれば、後で監査所見を作成できる。

　5月12日、15：00、受入検査場所、検査済みの製品Bが未検査場所に置かれていた。
　監査基準：検査管理規程

4.7 記録技術 93

（2）　監査所見の作成方法

監査所見では、「監査基準に対して監査対象が適合か不適合か」を明確にすることが必要で、ISO 19011 の「6.4.7　監査所見の作成」にも次のように記載されている。

ISO 19011：2011（JIS Q 19011：2012）規格

6.4.7　監査所見の作成

監査所見を決定するために、監査基準に照らして監査証拠を評価することが望ましい。監査所見では、監査基準に対して適合又は不適合のいずれかを示すことができる。監査計画で規定されている場合には、個々の監査所見には、根拠となる証拠、改善の機会、並びに被監査者に対する提言全てとともに適合性及び優れた実践を含めることが望ましい。

不適合及びその根拠となる監査証拠は、記録しておくことが望ましい。不適合は、格付けしてもよい。不適合は、被監査者と確認することが望ましい。この確認作業の目的は、監査証拠が正確であること、及び不適合の内容が理解されたことについて被監査者に認めてもらうことである。監査証拠又は監査所見に関して意見の相違がある場合には、それを解決するためのあらゆる努力を試みることが望ましい。解決できない点は、記録しておくことが望ましい。

監査中の適切な段階で監査所見をレビューするために、監査チームは、必要に応じて打合せをすることが望ましい。

これに関連して、ISO 19011 の附属書 B の「B.8　監査所見」に次のように記載されている。

ISO 19011：2011（JIS Q 19011：2012）規格　附属書 B

B.8　監査所見

B.8.1　監査所見の決定

　監査所見を決定するとき、次の事項を考慮することが望ましい。

　　　―前回までの監査記録及び結論のフォローアップ

　　　―監査依頼者の要求事項

　　　―通常の慣行を超える所見又は改善の機会

　　　―サンプルサイズ

　　　―監査所見の分類（存在する場合）

B.8.2　適合の記録

　適合の記録には、次の事項を考慮することが望ましい。

　―適合を示す監査基準の識別

　―適合を支持する監査証拠

　―該当する場合、適合の明示

B.8.3　不適合の記録

　不適合の記録には、次の事項を考慮することが望ましい。

　―監査基準の記述又は監査基準への参照

　―不適合の明示

　―監査証拠

　―該当する場合、関連する監査所見

B.8.4　複数の基準に関連した所見への対応

　監査中、複数の基準に関連する所見を特定することが可能である。
監査員が複合監査の一つの基準に結び付けられた所見を特定する場

> 合、監査員は他のマネジメントシステムの対応する、又は同様の基準に対する起こり得る影響を考慮することが望ましい。
>
> 　監査依頼者との取決めに基づき、監査員は次のいずれを提起してもよい。
>
> 　　―各基準に対する別々の所見。
>
> 　　―複数の基準に参照付けた、一つの所見。
>
> 　監査依頼者との取決めに基づき、監査員はこれらの所見にどのように対応するかについて被監査者を導いてもよい。

　監査所見とは、「収集された監査証拠を、監査基準に対して評価した結果」で、監査の結果を記述したものである。したがって、監査所見には、適合、不適合、改善事項などがある。なお、監査では改善事項を数多く発見できたほうが、組織の統合 MS の改善に寄与するので、監査員は適合性評価だけでなく改善事項についても積極的に指摘するとよい。

　監査所見は、**図 4.8** に示すように不適合又は適合となった事実と監査基準を明確にしなければならない。なぜならば、不適合の場合には被監査部門が是正処置を行うため、記述内容が不十分であると適切な処置をとることができないからである。また、不適合の内容が不十分な場合、被監査者が監査員の意図したことと違う是正処置を行う危険が考えられるので注意が必要である。

　監査所見の作成では、論埋的な根拠を明確にするために、誰が見てもわかりやすく、理解しやすく記述する必要があり、次に示すことを考慮することが大切である。

① 　監査所見は監査基準に対して、監査対象が適合か不適合かを明確にする。このとき、「○○規程では、……と規定されている（監査基準）が、△△工程では……作業を行っていた（証拠）」といった記述をする。

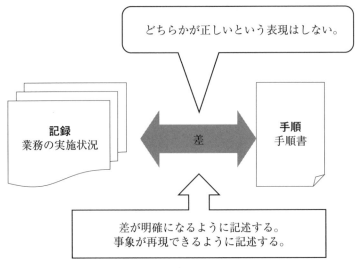

図 4.8　監査所見の記述方法

② 監査計画には監査チームとしての見解を明確にするために、監査所見をレビューする時間を確保する。

　監査所見の記述の適切性及び妥当性についてチームリーダーが評価し、メンバーと意見調整を行うための時間を確保する。

③ 改善対象についても言及することが監査目的に明確化されている場合には、改善についての示唆をする。ここで、改善指摘とは、要求事項は満たしているが仕組みを改善することにより、効果的で効率的になることが期待されることを指摘する行為である。その例を次に示す。

- 作業ミス低減の方策としてダブルチェックを行っているが、工数が多くなるうえに有効な手段ではないので、新たなポカヨケ対策を検討するとよい。
- 設備ごとのエネルギー使用量を数値化してデータをとっているが、推移グラフを使用するなど見える化を推進したほ

うがよい。

④ あいまいな表現をしてはならない。

　監査所見(特に不適合の場合)があいまいであると、事実が不明確になるので、あいまいな表現をすることは避ける。

　例えば、「記録が作成されていなかった」という記述では、「どの記録なのか」が不明であるので、このような記述ではなく、「○○規程では、作業開始前に設備点検結果を記録することになっているが、設備Aと設備Cの3月10日の点検記録が作成されていなかった」と記述することであいまいさがなくなる。

　監査所見のポイントは次のとおりである。

- 誰が見ても理解できること。
- 監査基準と監査証拠が記述されていること。
- 監査証拠がトレーサブルであること。
- 改善のための指摘事項(プロセスを変更することで、より効果的かつ効率的になる方法)が検出された場合には、この方法を記述すること。
- 他の部門にも推奨できるプロセスが検出された場合には、これを記述すること。

(3) 監査報告書の作成方法

　監査結果として監査報告書を作成する必要があり、ISO 19011の「6.5.1　監査報告書の作成」には次のように記載されている。

ISO 19011：2011(JIS Q 19011：2012)規格

6.5.1　監査報告書の作成

　監査チームリーダーは、監査プログラムの手順に従って監査結果の報告書を提出することが望ましい。

監査報告書は、全般にわたる、正確、簡潔かつ明確な監査の記録を提供することが望ましく、次に示す事項を含むか、又はその事項の参照先を示すことが望ましい。

a) 監査目的

b) 監査範囲、特に、監査を受けた組織単位及び部門単位又はプロセスの特定

c) 監査依頼者の名称

d) 監査チーム及び監査への被監査者からの参加者の特定

e) 監査活動を行った日時及び場所

f) 監査基準

g) 監査所見及び関連する証拠

h) 監査結論

i) 監査基準が満たされた程度に関する記述

監査報告書には、適宜、次に示す事項を含めること、又はその事項の参照先を示すことができる。

—日程を含む監査計画

—監査プロセスの要約。これには、監査結論の信頼性を低下させる可能性のある監査中に遭遇した障害を含む。

—監査計画に従って、監査範囲内で監査目的を達成したことの確認

—監査範囲内で監査しなかった領域

—監査結論及びそれを支持する主要な監査所見を網羅する概要書

—監査チームと被監査者との間で解決に至らなかった意見の相違

—監査計画に規定されている場合は、改善の機会

> ―特定された優れた実践
> ―存在する場合は、合意したフォローアップの計画
> ―内容の機密性に関する記述
> ―監査プログラム又は今後の監査に対する影響
> ―監査報告書の配付先一覧表

　監査報告書は、最終会議終了後、監査チームリーダーが1週間以内をめどに速やかに作成するとよい。1週間以上経過してしまうと記憶が薄れてしまって、正確な報告ができなくなる恐れがあるからである。

4.8 有効性評価技術

(1) 有効性評価の考え方

　MSの内部監査の目的は3.3節に示したように、有効性の評価について規定している。そこで、有効性とは、「計画した活動が実行され、計画した結果が達成された程度」とされているが、「有効に実施され」るためには、計画どおりの結果が出るように実施されていることを内部監査で評価する必要がある。

　このように有効性の視点で内部監査を実施するためには、統合MSの結果と要求事項とのギャップを確認し、問題がある場合には、その問題の起因となっている活動状況を監査する必要がある。このため、監査員の力量が問われることになるので、有効性に関する教育訓練を実施することが必要である。

　「有効性評価を実施すると組織にどのようなメリットがあるのか」について次に示す。

　　① MS規格の活用による、統合MSの効果及び効率の改善

　　　組織がMS規格に基づく統合MSを構築し、運営管理すること

で、統合 MS の基礎ができあがり、これを有効性評価することで統合 MS が効果的かつ効率的に運営管理できる。

② 組織能力の改善

　品質保証、環境管理、情報セキュリティ管理などの活動状況について有効性を評価することで、組織能力の強み・弱みを明確化することができ、組織能力が改善される。

③ 品質、コスト、量・納期、安全、環境、情報セキュリティなどに関するパフォーマンスの改善

　「経営要素に関連するパフォーマンスが目標どおりに成果を収めているか否か」という有効性の視点で統合 MS を評価することができ、問題点の改善、そしてパフォーマンスの向上につながる。

④ 利害関係者のニーズ及び期待を満たすことによる持続的成功の達成

　統合 MS のアウトプットの一つである「利害関係者のニーズ及び期待を満たしているか否か」という有効性の視点を継続してもつことで、利害関係者のニーズ及び期待の変化に継続した対応ができる。

(2) プロセスの有効性評価

　有効性にはプロセスの有効性と MS の有効性の側面があるので、次に分けて説明する。

(a) プロセスの有効性の考え方

　プロセスの有効性とは、プロセスのインプットがアウトプットを満たしていること、すなわち、「プロセスが決められたとおり実施されている」「計画どおりの結果が出ている」ということである。

　なお、プロセスは**図 4.9** に示すような構造になっているので、プロセ

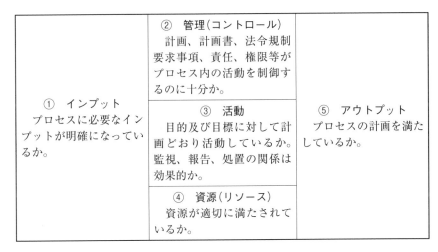

図4.9 プロセスの構造

スを理解する際には、この図に示す①〜⑤のチェックポイントを考慮するとよい。

　例えば、製造プロセスで、製品Aの不適合製品率の目標を0.5%以下として作業手順どおりに作業を行い、その結果が0.4%であった場合に「製造プロセスは有効である」と判定する。しかし、結果が0.6%であった場合には、「この結果になった要因が計画又は実行にあるのかどうか」を監査員は検出する必要がある。これがプロセスに関する有効性の監査技術である。

　プロセスには、目的をもたせるために必要となる機能（固有技術と管理技術を含む）を組み込む必要がある。この機能が効果的かつ効率的であれば、意図したアウトプットを得ることができる。しかし、統合MSの運営では、事業環境によって変化が起こるため、この機能が十分発揮されないことが起こり得る。このためには、**図4.10**に示すように、アウトプットからプロセスの機能を確認することが大切である。この考え方が有効性評価である。

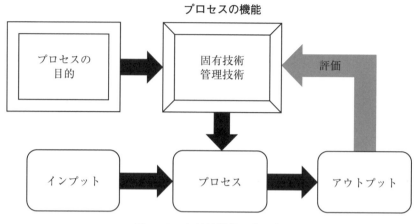

図4.10　有効性評価の考え方

　プロセスの計画とはプロセスの資源、活動、管理に関する手順に該当し、計画した結果とはプロセスの目標に該当する。すなわち、決められた手順どおりに作業を実行し、当初設定した目標を達成していれば有効であるといえる。しかし、目標が達成されていない場合には、「改善が行われているか否か」を確認する必要がある（**図4.11**）。

　なお、プロセスを評価するには、パフォーマンスに着目することが大切である。「プロセスが維持されているかどうか」又は「改善の余地があるかどうか」を判断するためには、プロセスのパフォーマンスを日常的に監視又は測定するためのパフォーマンス指標について、これらを監視又は測定している結果を確認する必要がある。なお、パフォーマンス指標とは、プロセスのアウトプットを評価する指標のことであり、これらの指標で「プロセスの活動がうまく行われているかどうか」を判断できるので、これに着目する。

　有効性評価では、まず、アウトプットとインプットを比較し、これにギャップがある場合には、「そのギャップがプロセスの固有技術的又は管理技術的な要素から派生しているのか」を被監査者に問いかけ、その

4.8 有効性評価技術　103

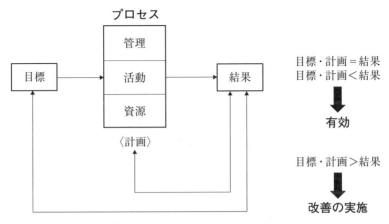

図 4.11　プロセスの有効性の視点

回答結果から手順どおりに行っていないことが検出された場合には不適合の判断を下すことになる。また、手順どおりに行っているが問題が発生している場合には、業務機能が効果的でないので改善指摘を行うことになる。このとき、「ギャップがないから MS が有効である」と判断するのは早計である。計画が甘い場合には、監査員は計画について言及する必要があるからである。こういった場合には、「なぜ悪かったのか」「なぜ良かったのか」という2つの視点で監査を行うことが効果的といえる。

　以上のような判断を行うためには、有効性に関する質問をすることが効果的で「手順どおりに行われているのか」だけではなく、アウトプットからプロセスの機能を評価する視点を示す必要がある。

　内部監査プロセスについての有効性評価の視点の例を**表4.9**に示す。

104　第4章　内部監査技術とその適用例

表4.9　内部監査プロセスの有効性評価の視点(例)

機能	活動内容	アウトプット	有効性の視点
監査目的の策定	・事業計画に基づいた監査目的の策定	・監査方針・目標	・監査目的はMS方針と整合しているか。 ・統合MSの評価を考慮しているか。 ・監査プログラムの監視項目と目標は整合しているか。
年間監査計画の策定	・年度監査計画の策定	・計画書 ・監査部署 ・監査項目 ・監査時間配分	・計画書は監査方針と整合しているか。 ・統合MSの活動状況を考慮した監査時期になっているか。 ・監査項目に漏れはないか。 ・監査時間はプロセスを評価するのに必要十分か。
監査員の選定	・資格に基づいた監査員の指名	・監査員の選定状況 ・監査計画書(監査スケジュール) ・監査員の教育・訓練 ・カリキュラムの内容	・有効性を監査できる監査員を選定しているか。 ・監査員の力量は監査方針を達成するための条件を満たしているか。 ・教育カリキュラムは、監査員の力量を満たせる内容になっているか。
監視実施準備	・調査項目の選定 ・チェックシートの作成	・チェックシート ・監査事前打合せ議事録	・チェックシートは事前情報をもとに作成しているか。 ・チェックシートは監査時間を考慮した項目数になっているか。

4.8 有効性評価技術 105

表 4.9 つづき

機能	活動内容	アウトプット	有効性の視点
監査の実地	・監査の実施 ・監査工数の管理	・チェックシートの記録 ・監査メモ ・監査所見	・監査所見に必要事項が記入されているか。 ・不適合の判定結果は間違っていないか。 ・監査所見と監査メモは整合しているか。 ・計画どおりに監査を行っているか。
監査結果のまとめ	・監査報告書の作成 ・監査結果の分析	・監査報告書	・監査結果から強み・弱みを明確にしているか。 ・監査結果から監査プロセスの問題を改善しているか。

(b) プロセスの有効性の監査事例

プロセスの有効性の監査事例を次に示す。

① 事例 1(QMS)

1) 一般的な監査

出荷梱包作業で、梱包に添付している表示のチェック 5 箇所について 2 名でダブルチェックしていた。この作業を作業標準で確認したところ手順どおりに行っていたので適合と判断した。

2) 有効性の監査

「なぜダブルチェックを行っているか」を質問したところ、「昨年チェックミスがあったのでそれ以来ダブルチェックを行っている」と回答があった。更に、「それ以降問題は発生していないのか」を確認したところ、「問題は発生していない」とのことであった。

このやりとりの結果、「ダブルチェックは効率的でないので、1

名でチェックできるようなポカヨケを行ったほうがよい」と指摘した。

② 事例2(EMS)

1) 一般的な監査

製造技術課では、先月新規設備の設置が終わって、監査時点で試運転を行っていた。環境側面管理規程では、設備変更があった場合には、環境側面のリスク評価をレビューする手順になっていた。「レビューはいつ行うのか」を確認したところ、「手順では、運転開始前となっているので、1週間先になる」と回答があったので適合とした。

2) 有効性の監査

このやりとりの結果、「試運転の段階に入っているということは、環境に影響を与える」と考え、「環境側面のリスク評価のレビュー時期を検討したほうがよい」と指摘した。

③ 事例3(ISMS)

1) 一般的な監査

総務課では、訪問者の受付簿の記録を6カ月保管としていた。実際にそのとおり実施されていたので適合とした。

2) 有効性の監査

年1回の内部監査では、監査証拠になる7カ月以前の記録が確認できない。こうした事情を考え「記録の保存はMSの運用状況の評価の時期を考慮して決めたほうがよい」と指摘した。

(3) 統合MSの有効性評価

(a) 統合MSの有効性の考え方

組織を取り巻く多様な側面を捉え、要求事項に適合するように設計され、構築された仕組みを使うことで、期待される結果を出すことができ

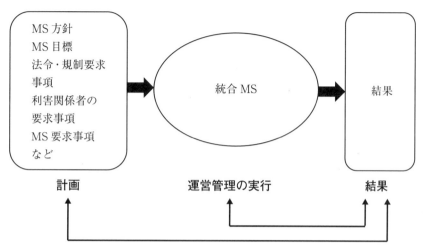

図 4.12　統合 MS の有効性の視点

る状態にある場合、「統合 MS は有効に機能している」と考えることができる。期待される結果とは、該当の MS 規格に沿って設計、構築された統合 MS の目標を達成することである。

したがって、統合の計画に基づいてそのとおり実行し、目標を達成していれば、統合 MS が有効であるといえる(**図4.12**)。例えば、目標が「顧客満足度 80% 以上」であった場合、それを達成するための実施事項に従って活動を行い、その結果が 85% であった場合に「統合 MS は有効である」と判定する。

しかし、結果が 75% であった場合、「この結果になった要因が計画又は実行にあるのか」を監査員は検出する必要がある。この検出力を左右するのが統合 MS の有効性評価である。

(b)　**統合 MS の有効性の監査事例**

統合 MS の有効性の監査事例を次に示す。

　① 　事例 1(QMS)

1) 一般的な監査

　品質方針に製造品質の向上が掲げられ、全社品質目標が不適合品率 0.1% 以下であり、それを達成するための方策が策定されていた。監査の結果、決められたとおりに方策が実施されており、不適合品率は 0.05% であったので適合と判断した。

2) 有効性の監査

　「どのような活動がこのような結果を生み出したのか」を確認したところ、新製品の生産が遅れていたことが原因であることがわかった。このため、「新製品の生産開始に当たってリスクを検討し、それについての対応を計画したほうがよい」と指摘した。

② 事例 2（EMS）

1) 一般的な監査

　環境方針に環境パフォーマンスの向上が掲げられ、全社環境目標がエネルギー使用量 5% 以上の低減となっており、それを達成するための方策が策定されていた。監査の結果、決められたとおりに方策が実施されていたが、エネルギー使用量は 3% 低減になっており、目標を達成していなかった。

2) 有効性の監査

　「どのような活動がこのような結果を生み出したのか」を確認したところ、製造部門で設備不良が多発した結果に伴う試験の増加が原因であるとわかった。

　このため、設備保全計画を確認したところ、「リスクへの対応計画が効果的でない」と判断したので、リスクへの対応を再検討する旨を指摘した。

③ 事例 3（ISMS）

1) 一般的な監査

　情報セキュリティ目的に情報セキュリティ技術の導入が計画さ

れ、「予定より1カ月遅れたが、特に問題がない」との説明があったので適合とした。

2) 有効性の監査

「計画が遅れることによって、情報セキュリティへのリスクがどの程度あり得るのか」を確認したところ、「特に検討していない」との回答であった。

このやりとりの結果、「計画遅れによるリスクの検討を行ったほうがよい」と指摘をした。

(4) 有効性評価の重点事項

有効性評価を行うための重点事項を次に示す。

① 結果のトレースを行う。

有効性評価とは、「プロセスや統合MSの結果の善し悪しがどのようなアプローチで出てきたのか」をトレースすることであり、その結果、要求事項を満たしていなければ不適合とする。「要求事項を満たしてはいるが、現在行っている手順が効果的あるいは効率的ではない」「この手順で進めると将来問題につながる恐れがある」と判断した場合には改善指摘を行う。

② プロセスの活動の効果及び効率に着目する。

有効性評価を行う際には、プロセスの活動に関して3ム(ムダ、ムラ、ムリ)に着目することが効果的である。

③ 有効性評価の目的を明確にする。

有効性評価の目的が明確になることで、目的に応じた監査プログラムが計画され、監査員の認識を高めることができる。

例えば、「目標達成状況から改善すべき問題を検出し、統合MSのパフォーマンスの継続的改善を図る」などがある。

④ 内部監査員の有効性評価に関する力量を明確にする。

次のように力量を明確にすることが大切である。

- 固有技術：監査対象プロセスの基本的な固有技術を保有していること。
- 管理技術：監査対象プロセスのプロセス保証に必要な要素を理解していること。
- 監査技術：結果からプロセスを確認する技術（プロセス分析力）を保有していること。
- 監査経験：少なくとも4回以上の監査経験があること。

4.9 是正処置評価技術

監査員は、被監査者から報告された不適合報告書の内容をレビューし、問題がある場合には指摘を行い、不適合報告書の修正を依頼する必要がある。このためには、監査員は是正処置に関する知識とその評価技能をもつことが大切である。

是正処置の目的は次のとおりなので、「このような状態になっているかどうか」を確認する必要がある。

(a) 不適合を適合状態に戻す。

発見された不適合について、現象そのものを適合した状態に戻し、「とりあえず問題がなくなっているか」を確認する。

(b) 不適合が再発しないような仕組みをつくる。

不適合の真の原因を追究し、これについての対策を行い、「検出された不適合の現象が二度と現れないような仕組みになっているか」を確認する。

（c） 決められた期間内に再発防止を完了する。

　発見された不適合に対して同様な不適合が発生しないように、「決められた期間で改善を行っているか」を確認する。

　なお、是正処置については、ISO 9001 では「10.2　不適合及び是正処置」が規定されているので、「箇条10.2を満たしているかどうか」を監査員は確認しなければならない。

ISO 9001（JIS Q 9001）：2015 規格

10.2　不適合及び是正処置

10.2.1　苦情から生じたものを含め、不適合が発生した場合、組織は、次の事項を行わなければならない。

　a） その不適合に対処し、該当する場合には、必ず、次の事項を行う。

　　1） その不適合を管理し、修正するための処置をとる。

　　2） その不適合によって起こった結果に対処する。

　b） その不適合が再発又は他のところで発生しないようにするため、次の事項によって、その不適合の原因を除去するための処置をとる必要性を評価する。

　　1） その不適合をレビューし、分析する。

　　2） その不適合の原因を明確にする。

　　3） 類似の不適合の有無、又はそれが発生する可能性を明確にする。

　c） 必要な処置を実施する。

　d） とった全ての是正処置の有効性をレビューする。

　e） 必要な場合には、計画の策定段階で決定したリスク及び機会を更新する。

　f） 必要な場合には、品質マネジメントシステムの変更を行う。

112　第4章　内部監査技術とその適用例

> 　是正処置は、検出された不適合のもつ影響に応じたものでなければならない。

　「上記の要求事項に従って、どのような監査を行えばよいか」についての要点を次にそれぞれ解説する。

「a) その不適合に対処し、該当する場合には、必ず、次の事項を行う。」
「1) その不適合を管理し、修正するための処置をとる。」

　検出された現象について、「同様の問題が発生しないように時間をかけないで迅速に元の正しい状態に戻しているか」を確認する。例えば、検査工程で検査項目の漏れに関する不適合が検出された場合には、その製品の不適合製品の識別を行い、「規定要求事項を満たすように修正を行ったのか」を確認する。

「2) その不適合によって起こった結果に対処する。」

　例えば、製造及びサービス提供の段階で不適合を検出した場合には、作業手順に従って、すぐに製造及びサービス提供を中止し、他への影響を防止する処置をとり、また、関連部門に連絡する。クレームが発生した場合には、顧客とその対応方法についての調整を行い、「代替品の送付を行っているか」を確認する。

「b) その不適合が再発又は他のところで発生しないようにするため、次の事項によって、その不適合の原因を除去するための処置をとる必要性を評価する。」
「1) その不適合をレビューし、分析する。」

　「分析する」とは、「不適合のメカニズムを明らかにすること」であり、なぜなぜ分析などの方法を活用して、「不適合の原因を追究してい

るか」を確認する。

なぜなぜ分析を行うには、次の事項が大切である。

- 分析する要員の力量が原因追究を左右するので、原因分析には固有技術及び管理技術に関する知識が必要である。
- 原因はプロセスに存在するのでプロセス分析力が必要となる。このため、原因分析ではプロセス思考を伴うので、プロセスに関する情報分析力が必要である。
- 分析に当たっては、「このような現象があったのではないか」という過去の情報を推定する考察力が必要である。
- 原因にたどりつく論理的思考力が必要である。
- 勘、経験、度胸だけで原因の追究を行ってはならない。

「(2)　その不適合の原因を明確にする。」

1)の分析の結果から原因を特定するが、原因は一つとは限らないことに注意する。「不適合の事象と原因がつながっているか」を確認する。

「(3)　類似の不適合の有無、又はそれが発生する可能性を明確にする。」

例えば、製品Ａで不適合が検出された場合、「"類似製品である製品Ｂに不適合が発生しているか否か"又は"発生する可能性があるか否か"を調査しているか」を確認する。

「c)　必要な処置を実施する。」

「不適合の原因に対する対策がとられているか」を確認する。

次に示す事項は、原因にたどり着く前の事象であり、このようなものを再発防止対策として実施するのは好ましくない。

- 作業者が設備の日常点検を行わなかったことを検出したので、ダブルチェックを行うことにした。

- 外観検査で不適合を発見できなかったので、限度見本を作成した。
- 設計者Aの設計図面の検証を行い、問題点を10件検出したので、設計者Aに修正を行うように指示をした。
- 汚染物質の含有量の測定を作業者が忘れていたので、注意した。
- 暗証番号をパソコンにポストイットで添付していたので、ポストイット添付禁止というステッカーをパソコンに貼り付けた。

「d) とった全ての是正処置の有効性をレビューする。」
　「a)〜c)の内容は効果が出ているのか」という視点で確認する。

「e) 必要な場合には、計画の策定段階で決定したリスク及び機会を更新する。」
　不適合が発生したということは、リスク及び機会の内容が変わる場合があるので、「これを更新しているか」を確認する。

「f) 必要な場合には、品質マネジメントシステムの変更を行う。」
　QMSに与える影響が大きい場合、例えば、監査で重大な不適合が検出された場合には、「QMSの変更を行っているか」を確認する。是正処置は、検出された不適合のもつ影響に応じたものでなければならない。「とった是正処置で、不適合の影響が確実に低減できるか否か」を確認する。
　改善とは、パフォーマンスを向上するための活動である。このため、**図4.13**に示すように不適合が検出された場合、プロセスにおいて何らかの条件が変化したため、パフォーマンスが低下する。これを改善するためには、プロセスの能力を高める、すなわち、新たな仕組みを取り入れることで、改善後のレベルを向上させる。したがって、監査員は「取

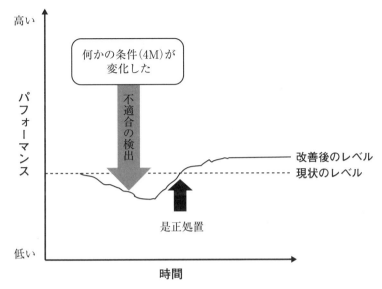

図 4.13　不適合と是正処置の関係

り入れた仕組みが有効であるか」を確認する必要がある。

被監査者から不適合に対する原因とその再発防止対策が提出された場合、監査員の役割は次に示すチェックポイントを参考にして、問題点を検出し、被監査者に伝達することである。

【是正処置のチェックポイント】
① 修正(応急、暫定)処置
　　• 検出された不適合は迅速に処置がとられているか。
　　• 検出された不適合だけでなく、母集団の確認を行っているか。
② 原因追究
　　真の原因(プロセスに関する問題点)までたどり着いているか。
③ 再発防止対策

ポカヨケなどの対策がとられ、プロセスの改善につながっているか。

④　再発防止対策の効果の確認

指摘された不適合が再発していないか。

不適合報告書に対する監査員の指摘の例を品質(Q)、環境(E)、情報セキュリティ(I)別に**表4.10〜表4.12**に示す。

表4.10　不適合報告書に対する監査員の指摘の例(Q)

項目	提出された情報	提出された情報の問題点の指摘
不適合の内容	事業所Dでは、管理対象の測定器10台のうち、3台(No.1、No.4、No.7)について校正の状態を識別できる表示がされていなかった。	
不適合の原因	事業所Dを含め3つの事業所では、測定器をすべて各事業所で管理しており、担当者が識別表示の手順を知らなかった。	・「測定器をすべて各事業所で管理しており、担当者が識別表示の手順を知らなかった」とあるが、事業所管理が原因とも考えられる。また、「なぜ手順を知らなかったのか」が明確になっていない。 ・「残りの7台は識別できているのはなぜか」が分析されていない。 ・「識別の手順はどのようになっており、その手順のどこに問題があるのか」が明確にされていない。 ・問題発生のメカニズムが明確になっていない
再発防止対策	管理を事業所Dの管理から本社品質保証部の管理とし、その担当者が手順に基づきすべての測定器の校正状態について識別表示を実施する手順とした。また、測定器も事業所Dから本社に移し、使用の都度持ち出す手順とした。	・7台の識別ができているのであれば、本社品質保証部で管理することは効率的ではない。 ・使用の都度持ち出すのは効率的でない。 ・現在の担当者が異動し、新しい担当者が手順を知らない場合、同じ不適合が発生する恐れがある。

表 4.11　不適合報告書に対する監査員の指摘の例(E)

項目	提出された情報	提出された情報の問題点の指摘
不適合の内容	近隣住民から「工事現場のほこりが多い」との苦情が3月に2件発生していたが、再発防止要求シート(No.4)には原因が記録されていなかった。	
不適合の原因	後で記載しようとしていたが、他の仕事が忙しかったので、記録を作成するのを忘れてしまった。	• 記録の作成忘れを原因としているが、「なぜ忘れたのか」が明確になっていない。 • 有効性の評価ができていない恐れがある。
再発防止対策	作業者に注意した。	• 注意だけでは、再発の恐れがあるので、再発防止要求シートの確認方法を変更する必要がある。

表 4.12　不適合報告書に対する監査員の指摘の例(I)

項目	提出された情報	提出された情報の問題点の指摘
不適合の内容	「ISMS目的の実績管理及び内部監査における不適合に対する再発防止は効果の有効性を確認すること」と再発防止管理規程に規定されているが、効果の有効性確認が実施されていないものが3件(再発防止報告書 No.12、22、35)あった。	
不適合の原因	再発防止の確認と同時に効果確認レビューを行っていたが、「効果の有効性確認を行った」という記入が漏れていた。	• 「なぜ、記録が漏れたのか」の原因が追究されていない。
再発防止対策	再発防止書のフォーマットを効果確認レビューが確実にできるように変更する。	• 原因が特定されていないので、原因と再発防止対策が論理的でない。

4.10 プロセスアプローチ技術

（1）プロセスアプローチの考え方

　プロセスアプローチとは、品質マネジメントの原則の一つであり、ISO 9000 の「2.3.4　プロセスアプローチ」に次のように記述されている。

ISO 9000(JIS Q 9000)：2015 規格

2.3.4　プロセスアプローチ

2.3.4.1　説明

　活動を、首尾一貫したシステムとして機能する相互に関連するプロセスであると理解し、マネジメントすることによって、矛盾のない予測可能な結果が、より効果的かつ効率的に達成できる。

2.3.4.2　根拠

　QMS は、相互に関連するプロセスで構成される。このシステムによって結果がどのように生み出されるかを理解することで、組織は、システム及びそのパフォーマンスを最適化できる。

　組織は、組織の状況及び利害関係者の要求事項を満たす MS を設計し、システムとしてマネジメントすることで成果を上げることができる。このため、プロセスアプローチを取り入れることが効果的である。プロセスアプローチとは、**図 4.14** に示すように「プロセスの PDCA サイクルを回し、プロセスの順序、相互関係を明確にしたプロセスをネットワークとして構築した統合 MS の PDCA サイクルを回すこと」である。

　また、ISO 9001 の「0.3　プロセスアプローチ」では、次のようにプロセス及び MS の設計に関する側面が解説されている。

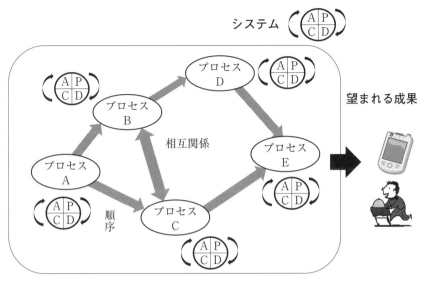

図 4.14　プロセスアプローチの概念

ISO 9001(JIS Q 9001)：2015 規格

0.3　プロセスアプローチ

0.3.1　一般

　この規格は、顧客要求事項を満たすことによって顧客満足を向上させるために、品質マネジメントシステムを構築し、実施し、その品質マネジメントシステムの有効性を改善する際に、プロセスアプローチを採用することを促進する。プロセスアプローチの採用に不可欠と考えられる特定の要求事項を 4.4 に規定している。

　システムとして相互に関連するプロセスを理解し、マネジメントすることは、組織が効果的かつ効率的に意図した結果を達成する上で役立つ。組織は、このアプローチによって、システムのプロセス間の相互関係及び相互依存性を管理することができ、それによって、組織の全体的なパフォーマンスを向上させることができる。

QMS の設計については、ISO 9001 の「4.4　品質マネジメントシステム及びそのプロセス」では次の要素が必要であるとしている。

ISO 9001(JIS Q 9001)：2015 規格

4.4　品質マネジメントシステム及びそのプロセス

4.4.1　…(中略)…

　a)　これらのプロセスに必要なインプット、及びこれらのプロセスから期待されるアウトプットを明確にする。

　b)　これらのプロセスの順序及び相互作用を明確にする。

　c)　これらのプロセスの効果的な運用及び管理を確実にするために必要な判断基準及び方法(監視、測定及び関連するパフォーマンス指標を含む。)を決定し、適用する。

　d)　これらのプロセスに必要な資源を明確にし、及びそれが利用できることを確実にする。

　e)　これらのプロセスに関する責任及び権限を割り当てる。

　f)　6.1 の要求事項に従って決定したとおりにリスク及び機会に取り組む。

　g)　これらのプロセスを評価し、これらのプロセスの意図した結果の達成を確実にするために必要な変更を実施する。

　h)　これらのプロセス及び品質マネジメントシステムを改善する。

　ここでは、プロセス及び MS の設計と運営管理の考え方を示している。すなわち、プロセスの集合体が MS ということになる。各プロセスは、**図 4.15** に示すようなレイヤーでつながっているので、プロセス間の関係性を考えながら監査を行うことが大切である。なお、ISO 9001 のレイヤーの概念を**図 4.16** に示す。

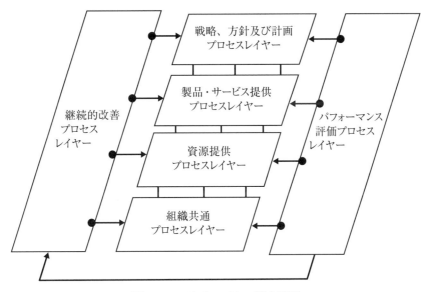

図4.15 MSのレイヤー間の関係

したがって、内部監査ではプロセスアプローチに基づく監査の実施が基本となるので、ISO 9001の箇条4.4に記載されている内容を意識しながら監査活動することが大切である。

(2) プロセスアプローチ監査の考え方

プロセスアプローチの監査は、次に示す方法で行うと効果的である。

「監査で検出した事象からどのような問題が内在しているのか」を質問して確認する。なお、問題は一つとは限らない。統合MSは、プロセスでつながっており、ネットワーク化されているからである。次に、「問題は、各MS要求事項のどの要素と関係するか」を考え、これに関する具体的な質問をする。

例えば、**図4.17**に示すように、「記録が作成されていなかった」という事象があった場合には、その背景を考えて、関連するマネジメントシ

122　第4章　内部監査技術とその適用例

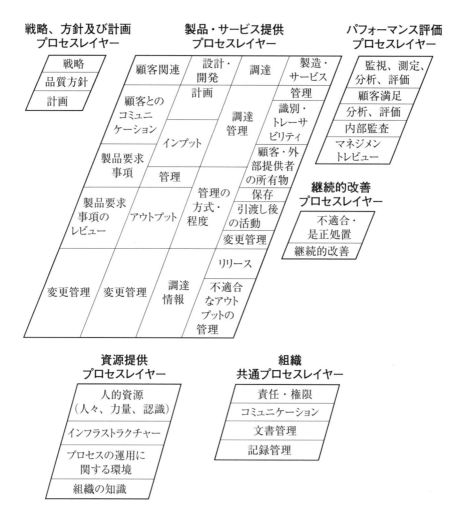

図 4.16　ISO 9001 の各レイヤー

ステムの要素について確認し、それについて質問を行い適合性の判断を行う。

　また、**表 4.13** にプロセスアプローチ監査の例を示す。

4.10 プロセスアプローチ技術   123

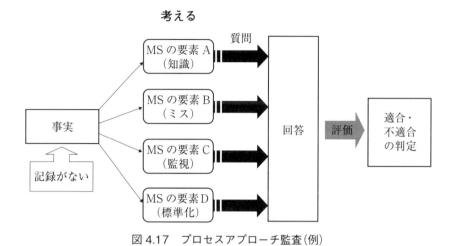

図 4.17　プロセスアプローチ監査(例)

表 4.13　プロセスアプローチ監査(例)

検出した事実	能力不足と思われる要素(該当する要求事項)	質問
前回の不適合報告書を確認したところ、原因が特定されていないのではないかと思った。(QMS、EMS、ISMS)	なぜなぜ分析ができていない。(10.2.1 b) 1))	原因の特定を行った方法を説明してください。
	有効性評価が行われていない。(10.2.1 d))	「再発防止対策の有効性の評価をどのように行ったのか」を説明してください。
	是正処置の教育・訓練の有効性評価が行われていない。(7.2 c))	是正処置の教育・訓練はどのように行っていますか。
製品 A の設計検証は 3 月 10 日に行う予定であったが、実際には 3 月 20 日に行われていた。(QMS)	プロセスの監視が行われていない。(9.1.1)	「予定が 10 日遅れていますが、納期に問題はないのか」を説明してください。
	計画の立て方が設計内容を考慮していない。(8.3.2)	・「遅れた分をどのように取り返すか」を説明してください。 ・計画を立てるときにどのような点に着目しましたか。

124　第4章　内部監査技術とその適用例

表4.13　つづき

検出した事実	能力不足と思われる要素（該当する要求事項）	質問
工場で建物の建替え工事が行われていたが、著しい環境側面に関するリスク及び機会が特定されていないことがわかった。（EMS）	組織の活動に関する環境側面の変更について検討されていない。（6.1.2）	工場の建物の建替え工事において近隣住民に対してどのようなコミュニケーションを行いましたか。
	関連する部門に必要な情報が伝達されていない。（7.4.2）	環境管理の責任部署に対して、環境側面に関する情報をどのように伝達していますか。
情報システム管理では、社内LANの接続時間を測定しており、その結果がMS委員会へ報告されていなかった。（ISMS）	• 社内LANの接続時間の分析及び評価が行われていない。（9.1）（A.12.1.3） • マネジメントレビューへのインプットが行われていない。（9.3） • 情報セキュリティリスク対応計画が実施されていないのではないか。（8.3）	• 社内LANの接続時間を測定している目的を説明してください。 • 社内LANの接続時間を測定すると決めたプロセスを説明してください。

(3)　プロセスアプローチ監査の進め方

プロセスアプローチ監査は、次の手順で行うと効果的である。

（手順1）　監査対象プロセスの仕事の流れに沿って、被監査者に質問をしながら監査する。

（手順2）　個々の仕事のなかで監視又は測定している仕事の結果を確認する。

（手順3）　「個々の仕事のアウトプットが適切か」を確認する。

（手順4）　業務のアウトプットが望ましい状態（目標達成、期待どおりの
　　　　結果）になっていなければ、プロセスに問題がある可能性があ
　　　　る。

（手順5）　そのプロセスに問題がない場合には、他のプロセスとの相互
　　　　作用に問題がある可能性があるので、監査対象と関連するプロ
　　　　セスを確認する（システム指向）。

（手順6）　問題を検出した場合には、「それがプロセスのアウトプットに
　　　　どのような影響を与えるのか」を確認し、不適合か又は改善の
　　　　指摘を行う。

（手順7）　改善の指摘では、「現在行っている業務のアウトプットが更に
　　　　良くなる要素」又は「仕事の方法を工夫すればもっと効果的、
　　　　又は効率的になる要素」を明確にする。

第5章

要求事項の意図に
着目した監査方法

128 第5章 要求事項の意図に着目した監査方法

　内部監査は、**図3.2**の内部監査の仕組みで説明したように、「統合MSの要求事項の意図に沿った仕組みを確立しているか」について確認することが大切である。このため、「各MSの要求事項に関してどのような要素を確認するのか」「内部監査でどのように要求事項の意図に関する活動を確認すれば効果的か」について**表5.1〜表5.3**に示す。

　なお、各MS共通の要求事項は、ISO 9001に準じるとよい。

表5.1　ISO 9001の要求事項に関して確認すべき要素

ISO 9001の要求事項	確認すべき要素
4.1　組織及びその状況の理解	• 「組織の目的（経営理念、経営方針など）及び戦略的な方向性（戦略など）に関連する外部・内部の課題をどのような方法で明確にしているか」を経営計画や年度事業計画などで確認する。 • 「QMSの意図した結果（目的）を達成するために現在保有している技術、設備、人、知識、情報などに関係する能力に影響を与える外部・内部の課題をどのような方法で明確にしているか」を年度事業計画などで確認する。 • 「外部・内部の課題の状況を把握するための情報には何があるか」を確認し、「それが監視され、変化に応じてレビューしているか」を確認する。
4.2　利害関係者のニーズ及び期待の理解	• 各部門において、「"QMSの運営管理に影響を与える" "運営管理の影響を受ける"と考えている利害関係者をどのような方法で明確にしているか」を確認する。 • 「それらの利害関係者の要求事項をどのような方法で明確にしているか」を確認する。 • 「それらの利害関係者とそれらの要求事項の変化をどのような方法で監視しているか」、また、「その内容をレビューしているか」を確認する。

表 5.1　つづき 1

ISO 9001 の要求事項		確認すべき要素
4.3　品質マネジメントシステムの適用範囲の決定		• 適用範囲は、「4.1 の外部・内部の課題、4.2 の要求事項、製品・サービスをどのように考えて決定しているか」を確認する。 • 「適用範囲を文書にしているか」を確認する。 • 適用不可能な要求事項があった場合には、その正当性を確認する。
4.4　品質マネジメントシステム及びそのプロセス		• それぞれのプロセスで、a) 〜h) について確認をする。 • 特に「パフォーマンス指標を決めているか」を確認する。
5.1　リーダーシップ及びコミットメント	5.1.1　一般	• トップマネジメントが、「マネジメントレビュー(経営会議など)などでどのような発言・指示を実施しているか」を確認する。 • 「事業プロセスと QMS 要求事項の統合に関する指示をどのように実施しているか」を確認する。 • 「事業計画策定時やマネジメントレビューで、プロセスアプローチ・リスクに基づく考え方を示唆しているか」を確認する • 「どのような方法で、QMS の有効性に寄与するよう人々に参加させ、指揮、支援しているか」を確認する。 • 「管理層への役割の支援をどのような方法で実施しているか」を確認する。
	5.1.2　顧客重視	• 「品質方針、事業計画の内容、マネジメントレビューの内容から、トップマネジメントが顧客に焦点を当てた行動をしているか」を確認する。
5.2　方針	5.2.1　品質方針の確立	• 「品質方針は組織の目的や戦略的方向性を基に策定しているか」を確認する。 • 「品質方針に、品質目標の設定のための方法又は考え方を含めているか」を確認する。 • 「品質方針に、要求事項を満たすことへのコミットメントを含めているか」を確認する。

130　第5章　要求事項の意図に着目した監査方法

表5.1　つづき2

ISO 9001 の要求事項		確認すべき要素
5.2　方針	5.2.1　品質方針の確立	• 「品質方針に、QMS の継続的改善へのコミットメントを含めているか」を確認する。
	5.2.2　品質方針の伝達	• 「品質方針の維持管理を実施しているか」を確認する。 • 「品質方針を組織内にどのような方法で伝達しているか、理解させているか、仕事に適用させているか」を確認する。 • 「4.2 で明確にした密接に関連する利害関係者が品質方針をどのような方法で入手できる状態になっているか」を確認する。
5.3　組織の役割、責任及び権限		• 「a)～e)の責任・権限を持っている人は誰なのか」「それをどのような方法で実施しているか」を確認する。
6.1　リスク及び機会への取組み		• 「4.1 で明確にした課題と 4.2 で明確にした要求事項をインプットとして、QMS の年度計画を策定しているか」を確認する。 • 「a)～d)に取り組むための方法を明確にし、それに対するリスクと機会をどのような方法で決定しているか」を確認する。 • 「6.1.1 で特定したリスク及び機会への取組みの計画を策定しているか」を確認する。 • リスク及び機会への取組みの計画を策定する際には、「リスク及び機会への対応を考えているか」を確認する。 • 「以下の事項に関する計画を策定しているか」を確認する。 　―取組みを実施するプロセスとその実施項目 　―取組みの有効性の評価
6.2　品質目標及びそれを達成するための計画策定		• 「品質目標は、決めたとおりに展開しているか」を確認する。 • 「品質目標を達成することで品質方針が満たされるか」を確認する。 • 「品質目標は、パフォーマンス指標として設定しているか」を確認する。

ISO 9001 の要求事項に関して確認すべき要素　　131

表 5.1　つづき 3

ISO 9001 の要求事項			確認すべき要素
6.2　品質目標及びそれを達成するための計画策定			• 「品質目標は、適用している要求事項を考えて設定しているか」を確認する。 • 「品質目標の達成状況を監視して、その情報を関係者に伝達しているか」を確認する。 • 「品質目標を達成するために、a) ~e) の事項を決めているか」を確認する。
6.3　変更の計画			• 「年度途中で QMS の変更が決定された場合には、a) ~d) の事項を考えて、変更の計画を策定しているか」を確認する。
7.1　資源	7.1.1　一般		• 「QMS の確立、実施、維持、継続的改善に必要な資源の決定と提供を決めたとおりに実施しているか」を確認する。
	7.1.2　人々		• 「要員配置計画などを決めたとおりに実施しているか」を確認する。
	7.1.3　インフラストラクチャ		• 「プロセスの運用と製品・サービスの適合を達成するために必要なインフラストラクチャを明確にし、提供し、維持しているか」を確認する。 • 設備投資計画、設備保全計画に着目する。
	7.1.4　プロセスの運用に関する環境		• 「プロセスの運用に必要な環境、並びに製品・サービスの適合を達成するために必要な環境を明確にし、提供し、維持しているか」を確認する。 • 社会的要因、人的要因、物理的要因に着目する。
	7.1.5 監視及び測定のための資源	7.1.5.1 一般	• 「監視及び測定に使用する資源の管理を決めたとおりに実施しているか」を確認する。
		7.1.5.2 測定のトレーサビリティ	• 「校正が必要な測定機器の管理を実施しているか」を確認する。
	7.1.6　組織の知識		• 「プロセスの運用に必要な知識、並びに製品・サービスの適合を達成するために必要な知識を明確にしているか」を確認する。 • 「知識が維持され、利用できる状態になっ

132　第5章　要求事項の意図に着目した監査方法

表5.1　つづき4

ISO 9001 の要求事項		確認すべき要素
7.1　資源	7.1.6　組織の知識	ているか」を確認する。 • 「新たな知識が必要な場合は、どのような方法でそれを入手することにしているか」を確認する。
7.2　力量		• 「作業者に必要な知識と技能をどのような方法で明確にしているか」を確認する。 • 「作業者の現状の知識と技能をどのような方法で把握しているか」を確認する。 • 「不足している知識と技能に対するとった処置の有効性の評価をどのような方法で実施しているか」を確認する。 • 「知識と技能の記録を作成し、管理しているか」を確認する。
7.3　認識		• 「次の事項について認識をもてるようにするためにどのような方法をとっているか」を確認する。 • 「各要員がa)～d)の事項を理解しているか」を確認する。
7.4　コミュニケーション		• 「QMSに関連する内部・外部のコミュニケーションには何があるかを確認し、a)～e)の事項を決めているか」を確認する。
7.5　文書化した情報	7.5.1　一般	• 「ISO 9001で要求されている文書と記録を作成しているか」を確認する。 • 標準化の体系を確認する。
	7.5.2　作成及び更新	• 文書の形態の仕組みを確認する。 • 「文書や記録が、引用しているISO・JIS規格、法令規制要求事項などと整合しているか」「文書や記録内で整合しているか」「他の関連する文書や記録と整合しているか」「文書や記録の内容が必要十分かについてどのような方法でレビューしているか」を確認し、「決めたとおりに承認しているか」を確認する。 • 「文書管理の手順で、決めたとおりに文書と記録の管理を実施しているか」を確認する。

ISO 9001 の要求事項に関して確認すべき要素　133

表5.1　つづき5

ISO 9001 の要求事項		確認すべき要素
8.1　運用の計画及び管理		• 箇条6で決めた取組みのためのプロセス管理を確認する(具体的には8.2以降で確認する)。 • QC工程表、設計計画書、購買計画書などを確認する。 • 手順書や記録を確認する。 • 計画の変更管理を確認する。 • 思いがけない変更(購買先が変更届を提出しないで勝手に仕様変更したなど)で問題が生じた場合には「処置をとっているか」を確認する。
8.2　製品及びサービスに関する要求事項	8.2.1　顧客とのコミュニケーション	• 「顧客とのコミュニケーションをどのように実施しているか」を確認する。 • 顧客との契約事項を確認する。 • 「顧客への製品・サービスの提供で問題が発生した場合の対応について検討しているか」を確認する。
	8.2.2　製品及びサービスに関する要求事項の明確化	• 「製品・サービスの要求事項をどのような方法で明確にしているか」を確認する。 • 「提供する製品・サービスに関して主張している内容(30分で配達できます、世界一軽量の製品が提供できます)を満たすことができるための能力を確保しているか」を確認する。
	8.2.3　製品及びサービスに関する要求事項のレビュー	• 「製品・サービスに関する要求事項をどのような方法でレビューしているか」を確認する。
	8.2.4　製品及びサービスに関する要求事項の変更	• 製品・サービスに関する要求事項が変更された場合の方法を確認する。
8.3　製品及びサービスの設計・開発	8.3.2　設計・開発の計画	• 「設計・開発プロセスの計画を策定する際に a)～j)に関してどのように考慮して決定したか」を確認する。
	8.3.3　設計・開発へのインプット	• 「設計・開発計画で決められたインプットに漏れがないか」を確認する。

表5.1 つづき6

ISO 9001 の要求事項		確認すべき要素
8.3 製品及びサービスの設計・開発	8.3.4 設計・開発の管理	• 「設計・開発プロセスのパフォーマンス指標を決めているか」を確認する。 • 「レビュー、検証、妥当性確認を決めたとおりに実施しているか」を確認する。
	8.3.5 設計・開発からのアウトプット	• 「設計・開発計画のとおりにアウトプットが存在するか」を確認する。
	8.3.6 設計・開発の変更	• 「設計・開発の変更を決めたとおりに実施しているか」を確認する。
8.4 外部から提供されるプロセス、製品及びサービスの管理	8.4.1 一般	• 「外部提供者の能力には何があるか」を確認する。 • 外部提供者の選択・再評価のプロセスを確認する • 「外部提供者のパフォーマンスを決めているか」を確認する。
	8.4.2 管理の方式及び程度	• 「外部から提供されるプロセスが、組織のQMSの適用範囲に含まれ、管理対象となっているか」を確認する。 • 「提供者の能力を考えて管理の方式及び程度を決めているか」を確認する。
	8.4.3 外部提供者に対する情報	• 「外部提供者への情報をどのような方法で決めているか」を確認する。 • 購買契約書などを確認する
8.5 製造及びサービス提供	8.5.1 製造及びサービス提供の管理	• 工程管理の状況を確認する。
	8.5.2 識別及びトレーサビリティ	• 「決めたとおりに識別及びトレーサビリティを実施しているか」を確認する。
	8.5.3 顧客又は外部提供者の所有物	• 「顧客又は外部提供者の所有物の管理を決めたとおりに実施しているか」を確認する。
	8.5.4 保存	• 「アウトプットの保存を決めたとおりに実施しているか」を確認する。
	8.5.5 引渡し後の活動	• 「要求される引渡し後の活動の程度を決定する際にa)～e)をどのように考慮しているか」を確認する。

ISO 9001 の要求事項に関して確認すべき要素　135

表 5.1　つづき 7

ISO 9001 の要求事項		確認すべき要素
8.5　製造及びサービス提供	8.5.6　変更の管理	・「4M の変更管理を決めたとおりに実施しているか」を確認する。 ・「必要な記録を作成しているか」を確認する。
8.6　製品及びサービスのリリース		・「製品及びサービスのリリースを決めたとおりに実施しているか」を確認する。 ・特採の処理について確認する。
8.7　不適合なアウトプットの管理		・「不適合なアウトプットの管理を決めたとおりに実施しているか」を確認する。
9.1　監視、測定、分析及び評価	9.1.1　一般	・「プロセスで、どのような監視及び測定を行っているか」を確認する。 ・「QMS のパフォーマンス(品質目標など)及び有効性(計画に対して計画どおりの結果が出ているか)の評価を実施しているか」を確認する。
	9.1.2　顧客満足	・「顧客のニーズ・期待が満たされている程度について、顧客がどのように受け止めているか」についての監視を「決めたとおりに実施しているか」を確認する。 ・情報の入手、監視・レビューの方法を確認する。
	9.1.3　分析及び評価	・「監視及び測定から得られたデータや情報をどのような方法で分析し、評価しているか」を確認する。 ・「分析結果は a)〜g) の事項を評価するために使用しているか」を確認する。
9.2　内部監査		・「QMS の活動状況に関する適合性及び有効性について内部監査を実施しているか」を確認する。 ・監査プログラムの運用状況を確認する。
9.3　マネジメントレビュー	9.3.1　一般	・QMS のレビューの目的を確認する。 ・「トップマネジメントが計画した時期に QMS のレビューを実施しているか」を確認する。

136　第5章　要求事項の意図に着目した監査方法

表5.1　つづき8

ISO 9001 の要求事項		確認すべき要素
9.3　マネジメントレビュー	9.3.2　マネジメントレビューへのインプット	• 「マネジメントレビューでa)～f)のインプット情報の分析が行われて、必要なものがインプットされているか」を確認する。
	9.3.3　マネジメントレビューからのアウトプット	• 「a)～c)の事項に関する決定・処置を実施しているか」を確認する。
10.1　一般		• 「どのような改善を実施しているか」を確認する。
10.2　不適合及び是正処置		• 不適合の定義を確認する。 • 「決めたとおりに是正処置を実施しているか」を確認する。 • 「不適合の分析（なぜなぜ分析など）を実施し、原因を明確にしているか」を確認する。 • 「類似の不適合の発生状況、発生の可能性（水平展開、横展開など）を検討しているか」を確認する
10.3　継続的改善		• 「QMS の適切性、妥当性、有効性を継続的に改善しているか」を確認する。 • 「マネジメントレビューからのアウトプットの検討を実施しているか」を確認する。

表5.2　ISO 14001 の要求事項に関して確認すべき要素

ISO 14001 の要求事項	確認すべき要素
4.2　利害関係者のニーズ及び期待の理解	• 「各部門において "EMS の運営管理に影響を与える" "運営管理の影響を受ける" と考えている利害関係者をどのように決定したか」を確認する。 • 「それらの利害関係者の要求事項（社員や協力会社はニーズ・期待になることがある）をどのように決定したか」を確認する。 • 「それらの要求事項のうち、組織の順守義務になるものが決定されているか」を確認する。

ISO 14001 の要求事項に関して確認すべき要素　137

表 5.2　つづき 1

ISO 14001 の要求事項		確認すべき要素
5.2　環境方針		・「環境方針がどのような方法で組織内へ伝達されているか」を確認する。 ・「利害関係者が環境方針をどのような方法で入手できる状態になっているか」を確認する。
6.1　リスク及び機会への取組み	6.1.2　環境側面	・「ライフサイクルの視点を考慮した環境影響を決定しているか」を確認する。 ・「組織の活動、製品及びサービスについて、組織が管理できる環境側面及び組織が影響を及ぼすことができる環境側面、並びにそれらに伴う環境影響を決定しているか」を確認する。
	6.1.3　順守義務	・「順守義務を決定しているか」を確認する。 ・「順守義務の適用を決定しているか」を確認する。 ・「EMS を確立、実施、維持、継続的に改善するときに順守義務を考慮しているか」を確認する。
7.4　コミュニケーション	7.4.1　一般	・「a)～d)を含めた、EMS に関連する外部・内部のコミュニケーションプロセスを確立し、実施し、維持しているか」を確認する。 ・「コミュニケーションプロセスには、順守義務に関すること、伝達される環境情報と、EMS で作成される情報とが整合し、信頼性があることの仕組みがあるか」を確認する。 ・「EMS に関連する外部・内部のコミュニケーションに対応しているか」を確認する。 ・「コミュニケーションの証拠が必要と決めたものについて記録を作成し、管理しているか」を確認する。
	7.4.2　内部コミュニケーション	・「a)及び b)がどのような方法で行われているか」を確認する。
	7.4.3　外部コミュニケーション	・「外部の利害関係者とどのような方法でコミュニケーションを行っているか」を確認する。

138　第5章　要求事項の意図に着目した監査方法

表5.2　つづき2

ISO 14001 の要求事項		確認すべき要素
8.1　運用の計画及び管理		• 「ライフサイクルを明確にしているか」を確認し、「a)〜d)の事項を実施しているか」を確認する。
8.2　緊急事態への準備及び対応		• 6.1.1 で特定した潜在的な緊急事態への準備及び対応方法についてのプロセスを確立し、実施し、維持する。 • 「上記に関する文書が作成され、管理されているか」を確認する。 • 「a)〜f)の事項を実施しているか」を確認する。
9.1　監視、測定、分析及び評価	9.1.2　順守評価	• 「順守義務を満たしていることを評価するためのプロセスを確立し、実施し、維持しているか」を確認する。

表5.3　ISO/IEC 27001 の要求事項に関して確認すべき要素

ISO/IEC 27001 の要求事項		確認すべき要素
4.3　情報セキュリティマネジメントシステムの適用		• 適用範囲は、「①4.1 の外部・内部の課題、②4.2 の要求事項、及び③組織の事業活動と適用供範囲外の組織(供給者、他部門など)の事業活動で行われる情報のやりとりと依存関係をどのように考えて決定しているか」を確認する。 • 「適用範囲をどの文書に記載しているか」を確認する。
4.4　情報セキュリティマネジメントシステム		• 「ISMS に関する手順が構築され、そのとおりに実施し、必要な場合には変更管理が行われ、ISMS に関するパフォーマンスを改善するための活動が繰り返し行われているか」を確認する。
6.1　リスク及び機会に対処する活動	6.1.2　情報セキュリティリスクアセスメント	• 「情報セキュリティリスクアセスメントを行うためのプロセス(例:情報セキュリティアセスメント管理規程)には何があるか」を確認する。

表5.3 つづき1

ISO/IEC 27001 の要求事項		確認すべき要素
6.1 リスク及び機会に対処する活動	6.1.2 情報セキュリティリスクアセスメント	• 「このプロセスには次に示す事項が規定されているか」を確認する。 a) 情報セキュリティのリスク基準 　1) リスク受容基準 　2) 情報セキュリティリスクアセスメントを実施するための基準 b) 繰り返し実施した情報セキュリティリスクアセスメントが、一貫性及び妥当性があり、かつ、比較可能な結果を生み出すための仕組みがある。 c) 「次によって情報セキュリティリスクを特定する仕組みになっているか」を確認する。 　1) 情報資産について「機密性、完全性及び可用性についてリスクを特定する仕組みになっているか」を確認する。 　2) 「これらのリスク所有者が特定される仕組みになっているか」を確認する。 d) 次によって「情報セキュリティリスクを分析する仕組みになっているか」を確認する。 　1) 「6.1.2 c) 1)で特定されたリスクが実際に生じた場合に起こり得る結果（例：影響度）についてアセスメントを行う仕組みになっているか」を確認する。 　2) 「6.1.2 c) 1)で特定されたリスクの現実的な起こりやすさ（例：発生頻度）についてアセスメントを行う仕組みになっているか」を確認する。 　3) 「リスクレベルを決定する仕組みになっているか」を確認する。 e) 次によって「情報セキュリティリスクを評価する仕組みになっているか」を確認する。

140　第5章　要求事項の意図に着目した監査方法

表5.3　つづき2

ISO/IEC 27001 の要求事項		確認すべき要素
6.1　リスク及び機会に対処する活動	6.1.2　情報セキュリティリスクアセスメント	1)　「リスク分析の結果と 6.1.2 a) で確立したリスク基準とを比較する仕組みになっているか」を確認する。 2)　「リスク対応のために、分析したリスクの優先順位付けを行う仕組みになっているか」を確認する。 ・「情報セキュリティリスクアセスメントのプロセスについての記録は明確になっているか」を確認する。 ・次の事項を行うために、「情報セキュリティリスク対応のプロセスを定め、適用する仕組みになっているか」を確認する。 　a)　「リスクアセスメントの結果を考慮して、適切な情報セキュリティリスク対応の選択肢(例：リスク回避、リスク低減、リスク移転、リスク受容)を選定する仕組みになっているか」を確認する。 　b)　「選定した情報セキュリティリスク対応の選択肢の実施に必要なすべての管理策を決定する仕組みになっているか」を確認する。 　c)　「6.1.3 b) で決定した管理策を附属書 A に示す管理策と比較し、必要な管理策が見落とされていないことを検証する仕組みになっているか」を確認する 　d)　「次を含む適用宣言書を作成する仕組みになっているか」を確認する。 　—「必要な管理策(6.1.3 の b) 及び c) 参照) 及びそれらの管理策を含めた理由を記載する仕組みになっているか」を確認する。 　—「それらの管理策を実施しているか否かを記載する仕組みになっているか」を確認する。 　—「附属書 A に規定する管理策を除外した理由を記載する仕組みになっているか」を確認する。

ISO/IEC 27001 の要求事項に関して確認すべき要素　141

表 5.3　つづき 3

ISO/IEC 27001 の要求事項		確認すべき要素
6.1　リスク及び機会に対処する活動	6.1.2　情報セキュリティリスクアセスメント	e)　「情報セキュリティリスク対応計画を策定する仕組みになっているか」を確認する。 f)　「情報セキュリティリスク対応計画及び残留している情報セキュリティリスクの受容について、リスク所有者の承認を得る仕組みになっているか」を確認する。 •「情報セキュリティリスク対応のプロセスについての記録を作成する仕組みになっているか」を確認する。
6.2　情報セキュリティ目的及びそれを達成するための計画策定		•「情報セキュリティ目的は、決めたとおりに部門や階層に展開しているか」を確認する。 a)　「情報セキュリティ目的を達成することで情報セキュリティ方針が満たされるか」を確認する。 b)　「情報セキュリティ目的は、パフォーマンス指標として設定しているか」を確認する。 c)　「情報セキュリティ目的は、適用している要求事項、並びにリスクアセスメントとリスク対応の結果を考えて設定しているか」を確認する。 d)　「情報セキュリティ目的を関係者に伝達しているか」を確認する。 e)　情報セキュリティ目的を更新すると決めた場合には「それを変更しているか」を確認する。
8.2　情報セキュリティリスクアセスメント		•「あらかじめ定めた間隔で、又は重大な変更が提案されたか、もしくは重大な変化が生じた場合に、6.1.2 a)で確立した基準を考慮して、情報セキュリティリスクアセスメントを実施しているか」を確認する。 •「情報セキュリティリスクアセスメント結果の記録を作成しているか」を確認する

142　第5章　要求事項の意図に着目した監査方法

表5.3　つづき4

ISO/IEC 27001 の要求事項	確認すべき要素
8.3　情報セキュリティリスク対応	・「情報セキュリティリスク対応計画どおりに実施しているか」を確認する。 ・「情報セキュリティリスク対応結果の記録を作成しているか」を確認する。

第6章

統合マネジメントシステム
の内部監査の実践方法

6.1 プロセスごとの質問とその意図

　内部監査は、一般的に規格要求事項の箇条に沿って監査をしていることが多い。しかし、MSの構造は**図6.1**に示すようにPDCAのサイクルになっている（図中の番号は対応する箇条を示す）。このため、監査ではこの考え方に基づいて実施することが効果的であるため、各部門の業務活動に着目した監査方法を採用することが大切である。

　監査ではプロセスに関する要求事項を検討する必要があるので、事前にタートル図を作成して、「どのような監査基準があるのか」を明確にすることで、効果的かつ効率的な統合MS監査を推進できる。

　タートル図では、プロセス、インプット、アウトプット、リソース、力量、手順、判断基準を明確にすることで、「どのような視点で監査を

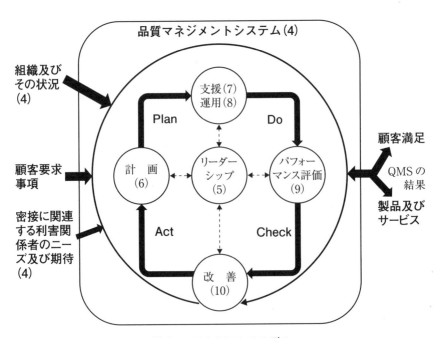

図6.1　ISO 9001のモデル

行えばよいか」がわかる。

(1) 営業機能

営業の役割は、顧客との折衝を通じて組織が設計開発した製品・サービスを顧客に販売することであり、「この機能が十分発揮されているか」を監査することが大切である。

営業プロセスには、広告、訪問、製品・サービスの説明、見積もり、提案、契約、納品、代金回収などの業務があるので、これらの業務が手順に基づいて実施され、有効に行われ、維持されているかを確認する(**図6.2**)。

(a) 監査基準

図6.2に示すタートル図に記載されたものが監査基準となる。

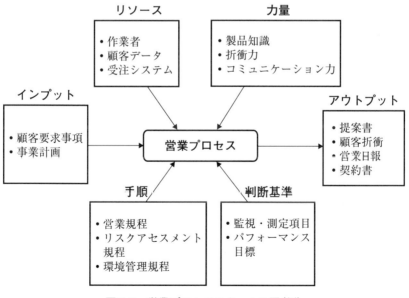

図6.2　営業プロセスのタートル図(例)

(b) 監査方法

営業プロセスでは、顧客の仕様に基づく製品・サービスを提供する場合と、市場のニーズ・期待に基づく製品・サービスを提供する場合があるので、これらのタイプに応じた監査方法で行うことが大切である。

① B to B の場合

監査対象の製品又は顧客をサンプリングし、顧客の発注から受注までの一連のプロセス、クレーム対応のプロセス、顧客満足の情報収集に関するプロセスなどを手順に従って、関連する記録や情報をもとにそれらの活動状況について確認を行う。

② B to C の場合

監査対象の製品をサンプリングし、商品企画から設計指示を出すまでの一連のプロセス及び顧客訪問から受注までのプロセスを手順に従って、関連する記録や情報をもとに活動状況について確認を行う。

(c) 質問例

事業活動と重点と考えた営業機能に着目して質問する。

- 営業部門の今年度の事業計画で立てた目標の達成状況について説明してください。
- お客様の要求又は期待は、どのような方法で収集していますか。
- お客様アンケートの調査項目は、どのようにして決めましたか。
- お客様アンケートの分析結果をどのように活用していますか。
- ○○に関するクレームの対応状況について説明してください。
- 顧客管理はどのように行っていますか。
- お客様との折衝に関するコミュニケーション情報は、どのように管理していますか。
- 環境パフォーマンスはどのようにして決めましたか。

- 情報資産のリスクアセスメントはどのように行っていますか。

(2) 設計・開発、サービス企画機能

　設計・開発の役割は、顧客のニーズ・期待及び法令・規制要求事項を満たした製品・サービスを効果的かつ効率的に設計することであり、「この機能が十分発揮されているか」を監査することが大切である(**図6.3**)。

　設計・開発プロセスには、設計開発計画管理、基本設計、概要設計、詳細設計、デザインレビュー(DR)、設計検証、妥当性確認などの業務があるので、「これらの業務が手順に基づいて実施され、有効に行われ、維持されているか」を確認する(**図6.4**)。

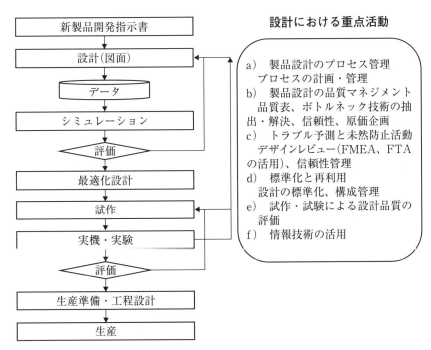

図6.3　設計・開発プロセスの機能

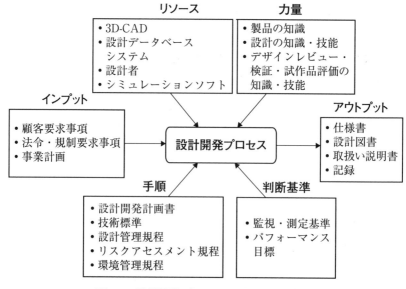

図6.4 設計開発プロセスのタートル図(例)

(a) 監査基準

図6.4に示すタートル図に記載されたものが監査基準である。

(b) 監査方法

監査対象の製品をサンプリングし、その製品に関して設計開始から設計完了までのプロセスを設計・開発計画のスケジュールに従って、関連する記録や情報をもとに活動状況の確認を行う。

(c) 質問例

重点と考えた製品をサンプルし、その設計・開発プロセスの活動状況に着目して質問する。

- 製品Aの設計計画書はどのような考え方で作成しましたか。
- 設計担当者はどのような考え方で担当を決めましたか。

- 設計担当者の力量はどのような内容ですか。また、この設計との関係を説明してください。
- 製品Aの設計品質の測定項目は、どのようにして決めましたか。
- 設計計画書が1版から2版に変更になっていますが、変更するタイミングはどのように考えていますか。
- 製品Aの設計計画の進捗管理は、どのように実施していますか。
- 製品Aの○○特性は、どの要求事項から出てきたものですか。
- 製品Aの設計に必要なインプットは、どうレビューしましたか。
- 製品Aの図面と製品Aの設計に必要なインプットの関係について説明してください。
- 製造部門から製品Aの図面についての追加記載事項の要求がありましたか。また、要求があったなら、そのとき、どのように対応しましたか。
- 製品Aの概要設計に対するレビューは、どう実施しましたか。
- 製品Aの概要設計に対するレビュー参加者の責任・権限はどのようなものですか。
- 製品Aの概要設計に対するレビューの結果で、検討事項はありましたか。その結果はどのように処置しましたか。
- 製品Aの詳細設計の検証はどのように実施しましたか。
- 製品Aの詳細設計の検証結果で、検討事項はありましたか。その結果はどのように処置しましたか。
- 製品Aの妥当性確認についての試験項目はどのような考え方で決めましたか。
- 製品Aの妥当性確認の実施時期の考え方を説明してください。
- 製品Bの設計変更が行われていますが、設計変更の考え方を説明してください。
- 製品Bの設計変更は、すでに市場で販売されている製品Bにど

のような影響を与えますか。
- 環境パフォーマンスはどのようにして決めましたか。
- 情報資産のリスクアセスメントはどのように行っていますか。

(3) 調達機能（調達先管理、受入検査）

調達の役割は、組織が定めた調達のための要求事項を満たす製品・サービスを調達先から効果的かつ効率的に調達することであり、「この機能が十分発揮されているか」を監査することが大切である（図6.5）。

調達プロセスには、提供者の選定・評価・再評価、提供者の組織の能力、パフォーマンスの評価、調達製品・サービスの性能、価格並びに提供タイミング及び量に関する要求事項の決定、受入検査、不適合となった調達製品・サービスに対する処理、提供者の支援などの業務があるので、「これらの業務が手順に基づいて実施され、有効に行われ、維持されているか」を確認する（図6.6）。

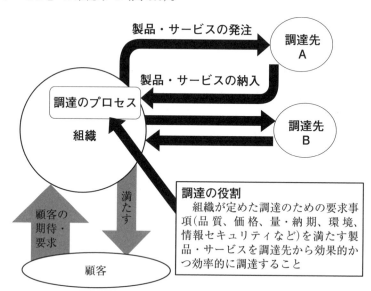

図6.5　調達プロセスの役割

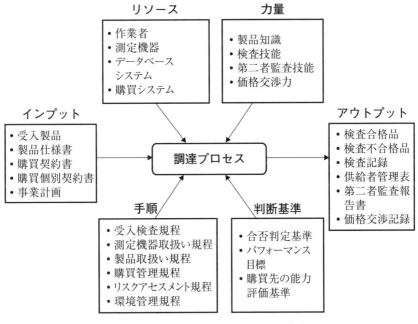

図 6.6　調達プロセスのタートル図（例）

(a) **監査基準**

図 6.6 に示すタートル図に記載されたものが監査基準である。

(b) **監査方法**

監査対象の外注プロセス、調達製品・サービスをサンプリングし、調達仕様の決定から調達先の選択・評価、製品・サービスの発注、製品・サービスの検証までのプロセスについて関連する記録や情報をもとに活動状況を手順に従って確認する。

(c) **質問例**

事業活動と重点と考えた購買機能に着目して質問する。
- 購買部門の今年度の事業計画で立てた目標の達成状況について説

明してください。

- A社が新規供給者になっていますが、「どのような手順で選択されたのか」について説明してください。
- 部品Aについての供給者は1社だけですが、この考え方について説明してください。
- Bの部品Aに不合格が発生していますが、この対応状況について説明してください。
- 部品Aについて発注から納品までについて関連する記録を時系列に並べて説明してください。
- A社のパフォーマンスに関する改善活動はどのように行われていますか。
- C社へ組立工程の一部をアウトソースしていますが、どのような管理を行っていますか。
- 環境パフォーマンスはどのようにして決めましたか。
- 情報資産のリスクアセスメントはどのように行っていますか。

(4) 製造・施工・サービス提供機能

製造・施工・サービス提供の役割は、設計・開発からのアウトプットを満たすための活動を効果的かつ効率的に運営管理することであり、「この機能が十分発揮されているか」について QC 工程表やフローチャートなどに基づいて監査することが大切である。

製造・施工・サービス提供プロセスには、プロセス管理、設備管理、安全管理、環境管理、情報資産管理などの業務があるので、「これらの業務が手順に基づいて実施され、有効に行われ、維持されているか」を確認する(**図 6.7**)。

6.1 プロセスごとの質問とその意図　153

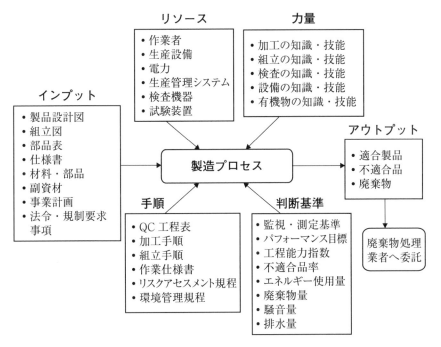

図 6.7　製造プロセスのタートル図(例)

(a) **監査基準**

図 6.7 に示すタートル図に記載されたものが監査基準である。

(b) **監査方法**

監査対象の製品・サービス又はプロセスをサンプリングし、製造及びサービス提供開始から製造及びサービス完了までのプロセスについて記録や情報をもとに活動状況を手順に従って確認する。

(c) **質問例**

事業活動とパフォーマンスに着目した活動について質問する。
・製品Aの品質目標設定の考え方を説明してください。

- 製品Aの品質目標の改善活動状況について説明してください。
- QC工程図と現在の作業状況についての整合性は、どのようにして確認していますか。
- 新人パートAさんに対する訓練は、どのような項目を行いましたか。
- 顧客の製造仕様書の取扱いはどのように行っていますか。
- 顧客から提供されている測定機器Cの管理は、どのように実施していますか。
- 工程内チェックで問題が出ていますが、その処置状況を説明してください。
- 製造設備Dの日常点検及び定期点検はどのように行っていますか。
- ○月○日の日常点検で問題が出ていますが、その処置状況を説明してください。
- 梱包作業でクレームが先月発生していますが、その処置状況を説明してください。
- 工程でデータをとっていますが、どのように活用していますか。
- ○○管理図で管理外れが出ていますが、「どのような処置を行ったか」を説明してください。
- ヒューマンエラーをなくすための取組みについて説明してください。
- エネルギー使用量低減のための活動を説明してください。
- 環境パフォーマンスはどのようにして決めましたか。
- 情報資産のリスクアセスメントはどのように行っていますか。

(5) 梱包・出荷機能

梱包・出荷の役割は、製造された製品の要求事項が顧客に届くまでの

間、要求事項を満たすような活動を効果的かつ効率的に運営管理することであり、「この機能が十分発揮されているか」について監査することが大切である。

梱包・出荷プロセスには、製品の梱包、製品の保管、製品の出荷などの業務があるので、「これらの業務が手順に基づいて実施され、有効に行われ、維持されているか」を確認する（図 6.8）。

(a)　**監査基準**

図 6.8 に示すタートル図に記載されたものが監査基準である。

(b)　**監査方法**

監査対象の製品をサンプリングし、出荷製品の受領から輸送までのプロセスについて記録や情報をもとに活動状況を手順に従って確認する。

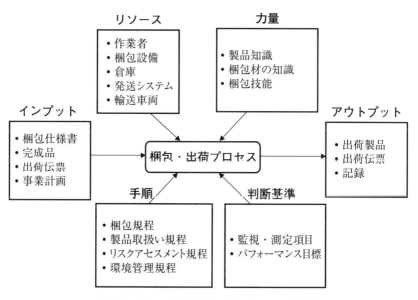

図 6.8　梱包・出荷プロセスのタートル図（例）

(c) 質問例

重点と考えた梱包・出荷機能に着目して質問する。

- 梱包仕様はどのように決めましたか。
- エラープルーフの例を説明してください。
- 倉庫の温湿度管理はどのように行っていますか。
- 梱包に対するリサイクルの考え方を説明してください。
- 輸送業者に対してどのような要求をしていますか。
- 輸送業者とのコミュニケーションはどのように行っていますか。
- 環境パフォーマンスはどのようにして決めましたか。
- 情報資産のリスクアセスメントはどのように行っていますか。

(6) 品質保証部門の機能(測定機器の校正管理、最終検査、クレーム処理)

品質保証の役割は、本来は品質保証体系の維持・改善であるが、ここでは、測定機器の校正管理、最終検査、クレーム処理について説明をする。これらの業務は、製品・サービスの品質に直接関わる管理を行うための活動を効果的かつ効率的に運営管理することであり、「この機能が十分発揮されているか」を監査することが大切である。

「測定機器の校正管理、最終検査、クレーム処理などの業務が手順に基づいて実施され、有効に行われ、維持されているか」を確認する(図 **6.9**)。

(a) 監査基準

図 **6.9** に示すタートル図に記載されたものが監査基準である。

(b) 監査方法

監査対象の作業をサンプリングし、それらのプロセスについて記録や

6.1 プロセスごとの質問とその意図　157

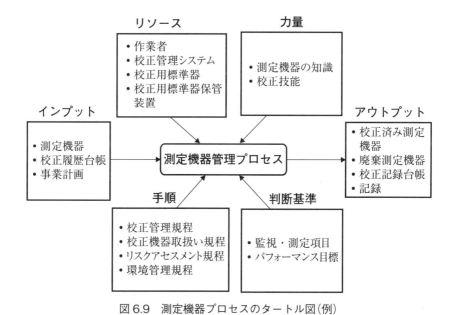

図 6.9　測定機器プロセスのタートル図（例）

情報をもとに活動状況を手順に従って確認する。

(c)　質問例

重点と考えた品質保証部門の機能に着目して質問する。

- 校正を社外に委託していますが、委託先の管理状況をどのような方法で把握していますか。
- 校正を社外に委託していますが、校正した結果の記録にはどのようなものがありますか。
- 校正記録はどのように活用していますか。
- ○○測定機器の校正結果が不合格になっていますが、これの対応状況について説明してください。
- ○○部品での受入検査でのサンプリング方法について説明してください。

158　第6章　統合マネジメントシステムの内部監査の実践方法

- 検査員の任命はどのように行っていますか。
- 製品Aの検査基準はどのようにして作成しましたか。
- 中間検査と最終検査で一部の検査項目が同じものがありますが、この考え方を説明してください。
- クレームの管理状況について説明してください。
- ○○規程のレビューは、どのように行いましたか。
- 品質データの分析はどのように行っていますか。
- 環境パフォーマンスはどのようにして決めましたか。
- 情報資産のリスクアセスメントはどのように行っていますか。

(7)　ISO事務局の機能

ISO事務局の役割は、組織が構築しているマネジメントシステムの維持管理に関する活動を効果的かつ効率的に運営管理することであり、「この機能が十分発揮されているか」を監査することが大切である。

(a)　監査基準

ISO推進プロセスに関する手順(例えば、内部監査規程)とその活動結果の記録及び情報が監査基準となる。

(b)　監査方法

監査対象の作業をサンプリングし、それらのプロセスについて記録や情報をもとに活動状況を手順に従って確認する。

(c)　質問例

統合MSの評価を行う内部監査プロセスに着目して質問する。
- 内部監査の実施時期の考え方を説明してください。
- 内部監査プログラムの考え方を説明してください。

6.1　プロセスごとの質問とその意図　　159

- 内部監査の活用状況を説明してください。
- 今回の内部監査の結果から、何がわかったのですか。
- Ｆ氏の内部監査員の訓練は、どのように行いましたか。
- 内部監査不適合報告書(No. ○)の是正処置の効果の有無は何で判断しましたか。

表 6.1　各要素に対する質問(例)

各要素	質問
(a)　事業計画の展開	• 事業目標を達成するうえでの課題にはどのようなものがありますか。 • 「今年度の事業計画の策定をどのように行ったか」について説明してください。 • 目標を達成しなかった場合には、どのような処置を行うことになっていますか。 • 目標を達成するために、どのような管理を行っていますか。
(b)　データ分析	• データ分析で QC 七つ道具をどのように活用していますか。 • データ分析の結果はどのように活用していますか。
(c)　文書・記録管理	• 文書を改訂していますが、どのような点に着目してレビューしていますか。 • 作業手順書を新たに作成していますが、どのような考え方で作成していますか。 • なぜこの手順書を使っていないのですか。 • 記録はどのように管理していますか。 • 記録の内容をどのように確認していますか。
(d)　部門の教育・訓練	• 今年度の教育・訓練計画を説明してください。 • 教育・訓練計画が予定より遅れていますが、どのように対応する予定ですか。 • ○○業務についての作業者の力量の決め方を説明してください。 • 今年度の教育訓練の結果の評価は、どのように行っていますか。

(8) 各機能に共通な要素

(1)～(7)の機能は、製品・サービスの運営管理を行う際に必要なものだが、これだけで各機能を動かせるわけではない。以下に示すように、その他の共通的な機能が必要であるので、「これらの活動が効果的かつ効率的に運営管理されているか」「これらの機能が十分発揮されているか」を監査することが大切である。

各要素で重要な活動に着目して質問する（**表6.1**）。

6.2 監査結果の強み・弱み分析の方法

内部監査では「監査結果だけでなく、監査プログラムが機能しているか否か」を評価することも大切である。ISO 19011では「5.5 監査プログラムの監視」で次のように記述している。

ISO 19011(JIS Q 19011)：2012規格

5.5 監査プログラムの監視

監査プログラムの管理者は、次の事項の必要性を考慮しながら、その実施状況を監視することが望ましい。

a) 監査プログラム、スケジュール及び監査目的に対する適合性の評価

b) 監査チームメンバーのパフォーマンスの評価

c) 監査計画を実施する監査チームの能力の評価

d) トップマネジメント、被監査者、監査員及びその他の利害関係者からのフィードバックの評価

次のような幾つかの要因により、監査プログラムの修正が必要となることがある。

― 監査所見

―マネジメントシステムの有効性の実証されたレベル

―依頼者又は被監査者のマネジメントシステムの変更

―規格、法的及び契約上の要求事項並びに組織が約束したその他の要求事項の変更

―供給者の変更

　監査結果については、単に不適合件数だけで評価することは効果的でない。なぜならば、監査はサンプルで母集団を評価しているため、監査員の視点の違いで同じ評価をすることはできないからである。このため、監査対象のプロセスの強み・弱みを明確にすることが大切であり、この結果をもとにしてプロセス改善につなげることができる。

　したがって、監査結果は**表 6.2** に示すような監査報告書にするとよい。このような報告書を作成することで統合 MS の運営状況を誰でも判断できるようになる。

表6.2　監査報告書の内容の一部(例)

監査対象プロセス	強み	弱み	不適合	改善指摘	推奨事例
設計　開発	顧客要求事項への対応が迅速である。	設計品質目標の達成率が80%である。	製品Aの設計検証時期が計画より1週間遅れているが処置がとられていない。		
	製品Aでは、3%の軽量化目標に対し、5%の軽量化を達成していた。				

162　第6章　統合マネジメントシステムの内部監査の実践方法

表6.2　つづき

監査対象プロセス	強み	弱み	不適合	改善指摘	推奨事例
設計・開発		情報セキュリティへの認識が低い。	会議室の白板に設計検討の結果が残されたままだった。		
調達	第二者監査プロセスのPDCAが回っている。	供給者が1社のみの製品が3品目ある。		サプライチェーンのレビューを定期的に行うとよい。	
		アウトソース先に対する環境、情報セキュリティに関する指導力が弱い。		アウトソース先に対する環境側面の検討が必要である。	
製造	製造技術の強み・弱み分析が行われている。	製品Aの工程能力指数が1.0である。	在庫品の部品Cに錆が付いている。	是正処置の原因追究になぜなぜ分析を行う様式を作成するとよい。	ポカヨケの効果を把握している。
			リサイクル品置き場に、使用済みの手袋が入っていた。		
	情報セキュリティに関する認識が高い。				

また、監査プログラムのパフォーマンスを監視・測定するためには、次に示す指標を把握することで、監査プログラムの改善に役立てることができる。

- 監査目的の達成状況
- 監査項目の計画対完了率(監視員別も含む)
- 監査時間の計画対実績率(監視員別も含む)
- 不適合件数
- 改善指摘件数
- 改善指摘の実施率
- 監査での製品・サービス、環境及び情報セキュリティへの悪影響の発生件数
- 監査報告書の提出納期遅れ日数

第7章

統合マネジメントシステム
の構築・運用に関する
Q&A

統合 MS の評価を行うには、内部監査を効果的に行うことが大切であるが、多くの組織ではこの運営管理方法に関するいろいろな悩みやプロセス分析の方法などに関する疑問をもっているので、これらについての対処策を含め、次の 10 の Q&A を通じて解説する。

Q1

内部監査員の研修はどのようにすればよいでしょうか。

A1

自社で行う場合には、基礎コースと応用コースに分けて研修すると効果的である。

基礎コースは、これから内部監査員になる人を対象とするので、次に示す知識と技術を研修する。また、外部研修機関で行う場合には、内部監査基礎コースや内部監査有効性評価コース、内部監査員レベルアップコースなどがあるので、各研修機関の Web ページでカリキュラムを参考にして派遣するとよい。

① 基礎コース(2 日間)

• 各 MS 要求事項の解説と監査の視点

ISO 9001 の要求事項すべてを研修し、ISO 14001 及び ISO/IEC 27001 は ISO 9001 との差分だけを研修する。

• 内部監査プロセスの解説

内部監査規程とそのポイントについて解説する。

• 監査技術の解説と演習(個人演習、グループ演習)・発表・解説

観察技術、サンプリング技術、質問技術、チェックシートの作成技術、評価技術、記録技術、是正処置評価技術ごとに、簡単な解説と演習を行い、その結果を発表させ、講師が解説を行う。

② 応用コース(1 日)

- 監査技術の解説

　有効性評価技術とプロセスアプローチ評価技術の解説を行う。
- 演習（個人演習、グループ演習、発表）・発表・解説

　有効性評価技術とプロセスアプローチ評価技術ごとに、簡単な解説と演習を行い、その結果を発表させ、講師が解説を行う。

Q2

　内部監査は部門ごとに2名で行っています。統合MSにおける監査員の割当て方法を教えてください。

A2

　内部監査はチームで行うので、チームとしての力量をもつ必要がある。しかし、全員が統合MSに関する知識をもっている必要はない。このことは、ISO 19011の「7　監査員の力量及び評価」で次のように記述されている。

ISO 19011(JIS Q 19011)：2012 規格

7　監査員の力量及び評価

7.1　一般

　監査プロセス及びその目的を達成するための能力に対する信頼は、監査員及び監査チームリーダーを含む、監査を計画し、実施する人の力量に依存する。力量は、個人の行動、並びに教育、業務経験、監査員訓練及び監査経験によって身に付けた、知識及び技能を適用する能力を考慮するプロセスを通じて評価することが望ましい。このプロセスは、監査プログラム及びその目的のニーズを考慮することが望ましい。7.2.3 に示す知識及び技能の一部は、どの分野の監査員にも共通である。すなわち、それ以外は、個々の分野の監

査員に固有である。監査チームにおける個々の監査員が同じ力量を備えている必要はない。しかしながら、監査チーム全体としての力量は、監査目的を達成するのに十分である必要がある。

ISO 19011(JIS Q 19011):2012 規格

7.2.3.5　複数の分野に対応するマネジメントシステム監査のための知識及び技能

　複数の分野に対応するマネジメントシステムの監査を行う監査チームメンバーとして参加しようとする監査員は、そのうちの少なくとも一つの分野の監査に必要な力量を備え、並びに異なったマネジメントシステム間の相互作用及び相乗効果を理解していることが望ましい。

　複数の分野に対応するマネジメントシステムの監査を行う監査チームリーダーは、各マネジメントシステム規格の要求事項を理解し、それぞれの分野における自身の知識及び技能の限界を認識することが望ましい。

　このため、**1.2節**の(4)で示したように、監査対象が統合MSのパフォーマンスに与える影響の程度と監査員の各MSの知識レベルを考えて、割当てをすることが大切である。

Q3

　内部監査が年1回しか行われていない状況で監査技術はどのようにすれば維持向上できるのでしょうか。

A3

　内部監査の実施回数は、多くの組織では年1回のところが多い。このため、「監査技術が身につかないのではないか」と心配していると思われる。つまり、「日常的に行う業務については、繰り返し同じ仕事をすることが多く、仕事を行うための知識と技能を使うため、維持向上が可能である。一方で、内部監査は、毎日行うのではなく、年1回程度しか行わないので監査技術が維持できないのではないか」ということだろう。

　確かに監査技術を一面的に捉えた、このような考え方が一般的である。しかし、特に基礎技術である観察技術、サンプリング技術、質問技術、チェックシートの作成技術、評価技術、記録技術、是正処置評価技術については、よく考えてみれば、日常業務のなかでも必要な技術だとわかる。何か問題が発生した場合には、日常業務でも内部監査でも現場で現物を現実に確認するという三現主義の考え方で行動する必要がある。このためには、「事象を観察する」「重要な結果について質問する」「これらを記録する」という行動をとっている。また、日常業務では、プロセスを監視・測定する業務も含まれているから「観察する」「サンプリングする」「評価する」「記録する」という行動をとっている。また、不適合が発生した場合には、是正処置を行っている。

　以上のことから、これらの監査技術は日常業務を行うためにも必要な技術であり、日常業務を行うことで監査技術の維持向上を図ることができる。このため、監査技術を狭く捉えるのではなく、日常業務を行うための基本技術として認識し、育成する必要がある。

Q4

　社長が内部監査に興味をもっていません。どのようにすれば興味をもってもらえるようになるのでしょうか？

A4

　統合 MS の運営管理を行うと最終的に決めるのはトップマネジメントである。したがって、「トップマネジメントが統合 MS の評価をすることが基本である」という立場をとることが大切である。このことは、MSS 共通テキストの 5.1.1 で「XXX マネジメントシステムの有効性に説明責任（accountability）を負う」と規定していることからもわかるので、この点をトップマネジメントに伝える必要がある。

　統合 MS の有効性を評価するための手段の一つが内部監査である。本来であれば、トップマネジメントが内部監査をすべきであるが、時間的・物理的に難しいので「内部監査員を指名して統合 MS を評価し、その結果から改善の機会を決定すること」があるべき姿となる。しかし、このような考え方をしていないトップマネジメントが意外と多い。

　一方、TQM を行っている組織は、社長診断によって社長自らが MS の活動状況を把握し、これを評価し、改善の指導を行っているので、診断に関する認識のレベルが高い。このようにトップマネジメント自身が行動することで内部監査の重要性を理解できる。

　このため、統合 MS では、内部監査を行う前にトップマネジメントが監査員に対して自分自身の考え方を伝えるとともに、監査終了後に監査員から短い時間で、口頭により監査結果をヒアリングするという行動をとれば内部監査に対する認識が高まる。したがって、統合 MS の運営組織では、このような行動の仕組みを取り入れることが大切である。

　また、内部監査には、「監査員の教育費用や監査に関わっている要員の人件費がどの程度かかっているか」をマネジメントレビューに報告することで、トップマネジメントが内部監査の機能の重大性を認識することになる。すなわち、費用対効果を示すことも、内部監査の重要性を認識することにつながる。

Q5

　有効性評価は重要だと思いますが、どのようにすれば有効性評価をよりよくすることができるでしょうか。

A5

　「有効性監査」と「適合性監査」は、本来切り離して扱われるものではない。統合MSが規格の要求事項に「適合」しているということは、「有効」に機能していることでもある。

　統合MSの有効性に着目することで、規格の適用範囲に沿った組織の目的が実現されている程度が明らかにされる。それによって、組織は、自らの強み・弱みを知り、更に改善すべき点を自ら発見することが期待される。これは、顧客や利害関係者の信頼とともに監査から得られる価値である。

　組織は、品質、環境、情報セキュリティに関する利害関係者の期待する目的を実現するために、該当するMS規格に適合した統合MSを設計し、構築し、運用することが要求されている。このため、監査員は、「統合MSが次のようになっているかどうか」を評価する必要がある。

- ISO 9001、ISO 14001、ISO/IEC 27001の各規格に基づいているか。
- 有効に機能させているか。
- 有効な結果が出ているか。
- 利害関係者への説明責任を果たしているか。

　そのためには組織の活動の実態と利害関係者の期待を重視した監査、すなわちプロセスアプローチを展開する必要がある。

Q6

　プロセス分析とはどのような方法でしょうか。

172　第7章　統合マネジメントシステムの構築・運用に関する Q&A

A6

　プロセス設計に当たっては、品質機能展開を活用することが効果的である。一般的には、製品設計などで品質機能展開を使用することが多いが、プロセスに関してこの手法を活用することを業務機能展開ともいう。これについては「JIS Q 9025：マネジメントシステムのパフォーマンス改善―品質機能展開の指針」を参照してほしい。

　業務機能展開とは、「業務の活動を系統的に展開し、"その活動を行う人及び業務が当初の予定どおりに行われているかどうか"を評価すべきと考える対象の活動に関する管理方法（監視及び測定項目、管理周期、記録、責任者）を明確にする方法」である。この業務機能展開の目的は、プロセスの効果及び効率を高めるような設計を行うことである。

　したがって、**表7.1**に示すフォーマットを使用し、次に示すステップに基づいてプロセス設計を行うと効果的である。

表7.1　プロセス設計のフォーマット

基本機能	プロセス構築の目的
一次機能	目的を達成するための手段
二次機能	一次機能を達成するための手段 二次機能を順次展開する。 最終機能を単位作業とする。
インプット	単位作業を実施するために必要なインプット
アウトプット	単位作業からのアウトプット
実施者	単位作業を実施する人
監視項目	単位作業で監視の対象となる項目 一般的には点検項目
監視時期	監視する時期
測定項目	単位作業で測定の対象となる項目 一般的には管理項目
測定時期	測定する時期
管理の責任者	監視・測定の責任者

（ステップ1）　基本機能（プロセスの目的）の明確化

　機能展開するプロセスの基本機能を明確にする。例えば、購買プロセスの基本機能は、「品質の良い製品・サービスを必要な時期に、必要な量を、計画した価格で、購入する」ことである。これを満たすような活動を順次展開する。この基本機能は、組織の規程においては、目的に該当する。

（ステップ2）　一次機能（目的を達成するための手段）への展開

　基本機能を一次機能に展開する。一次機能とは、プロセスの基本的なステップを表現したものである。すなわち、基本機能を満たすために実施する作業が、一次機能となる。

　例えば、購買プロセスの基本機能を満たすためには、「購買方針を設定する」「購買計画を策定する」「供給者を評価・選定する」「供給者へ発注する」「製品・サービスを受領する」「製品・サービスを検査する」などの一連の活動がある。これらが一次機能となる。この一次機能は、組織の規程においては、章（大項目）のタイトルに該当する。

（ステップ3）　二次機能（一次機能を達成するための手段）以下への展開

　一次機能を具体的な作業（単位作業）になるまで展開する。すなわち、一次機能を満たすための業務内容を明確にする。

　例えば、「供給者を評価・選定する」ためには、「供給者の能力を把握する」「評価基準と比較する」「選定基準と比較する」などの一連の活動が必要である。この二次機能は、組織の規程においては、節（中項目）のタイトルに該当する。

（ステップ4）　最終機能（単位作業）の明確化

　最終機能では、これ以上作業を分解できないものを明確にする。例え

ば、「供給者の能力を把握する」ためには、「供給者からの情報を収集する」という単位作業がある。この最終機能は、組織の規程においては節の内容に該当する。

（ステップ5） 単位作業のインプットの明確化

単位作業を実施するために必要な情報などを明確にする。例えば、「供給者からの情報を収集する」のインプットには、経営情報、設備保有情報、取引先情報などがある。

（ステップ6） 単位作業のアウトプットの明確化

単位作業から産出される情報などを明確にする。例えば、「供給者からの情報を収集する」のアウトプットには、供給者情報一覧表などがある。

（ステップ7） 単位作業者の明確化

単位作業を実施する要員を明確にする。例えば、「供給者からの情報を収集する」要員は、購買担当者が該当する。

（ステップ8） 管理すべき単位作業の抽出

管理対象とする単位作業を決める。例えば、「供給者からの情報を収集する」ことが重要である場合には、これを管理対象とする。

（ステップ9） 単位作業の監視又は測定項目の明確化

「単位作業のパフォーマンスをどのような指標で監視又は測定するか」を明確にする。例えば、「供給者からの情報を収集する」では、「収集時期」を監視項目とする。

（ステップ10） 単位作業の監視又は測定項目の評価時期の明確化

「パフォーマンス指標をどのような周期で把握するのか」を決める。例えば、「供給者からの情報を収集する」では、「評価の一週間前まで」が監視時期になる。

（ステップ11） 単位作業の監視又は測定項目の評価責任者の明確化
　例えば、「供給者からの情報を収集する」では、「課長」となる。

　（ステップ1）から（ステップ11）までは、現在運営管理しているプロセスを機能展開したものである。（ステップ1）から（ステップ11）の結果を**表7.2**に示す。
　機能展開を完了した後に、「この機能展開したプロセスが、効果的かつ効率的になっているか」を評価する。すなわち、プロセスをレビューする場合には、次のステップを追加する。

（ステップ12） プロセスの問題及びリスク分析
　機能展開した結果から、現在プロセスとして運営管理されている業務機能について品質面、コスト面、安全面などに関する問題点及びリスクを抽出し、これを改善する。

（ステップ13） 改善結果のプロセスへの反映
　改善結果を機能展開へ反映する

Q7
統合MSを社員に理解させる方法を教えてください。

A7
一般社員に統合MSに関するISO規格を教育しようとすると、ISO

表 7.2　購買プロセスの業務機能展開の例（ステップ 1～ステップ 11）

基本機能	一次機能	二次機能	単位作業	インプット	アウトプット	実施者	監視・測定項目	監視・測定時期	評価責任者
品質の良い製品・サービスを必要な時期に、必要な量を、決めた価格で、購入する。	購買方針を設定する。								
	購買計画を策定する。								
	供給者を評価・選定する。	供給者の能力を把握する。	供給者からの情報を収集する。	経営情報、設備保有情報、取引先情報	供給者情報一覧	購買担当者	収集時期	評価1週間前	課長
		評価基準と比較する。							
		選定基準と比較する。							
	供給者へ発注する。								
	製品・サービスを受領する。								
	製品・サービスを検査する。								

規格の記述が理解しづらいために、何が大切であるのかがわからなくなり、形だけの活動になることが多い。このため、一般社員には、各MS規格を研修するのではなく、「統合MSとは何か」を簡単に説明することが大切である。**図7.1〜図7.4**は一般社員向け研修をイメージした資料の例である。

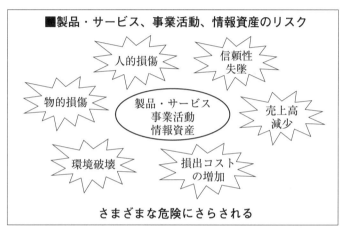

図7.1　製品・サービス、事業活動、情報資産のリスク

■統合MSパフォーマンスの問題例
◆社外
- 製品に金属破片が混入したことによる回収の発生
  （損失額の増加、顧客・社会の信頼性の低下）
- 部品不良による回収の発生
  （損失額の増加、顧客・社会の信頼性の低下）
- 騒音、埃、煤煙による近隣住民からの苦情
  （地域社会の信頼性の低下）

◆社内
- 工程内不良による廃棄・手直しの増加（コスト増）
- 納期遅れの発生（顧客の信頼性低下）
- 作業ミスが減少しない、エネルギーの無駄な消費（コスト増）
- 法令・規制要求事項の不順守（信頼性の低下）

図7.2　統合MSパフォーマンスの問題例

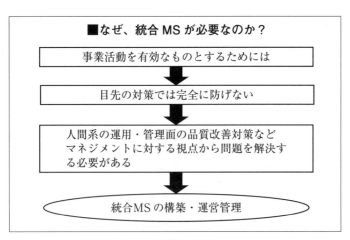

図 7.3　統合 MS の必要性

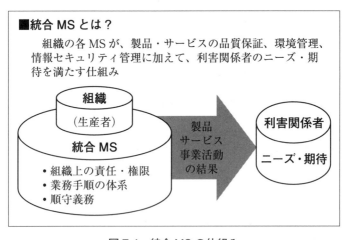

図 7.4　統合 MS の仕組み

　一般社員向け研修では上記のようにわかりやすくなるよう資料を工夫しながら、「要求されたとおり業務を実施しなければどのような問題が発生するのか」という点に的を絞って解説する。
　一般社員にも統合 MS の概要を理解させた後、次に統合 MS マニュア

ルを作成し、具体的な内容について理解させる必要がある。これをよりよく行うためには、統合 MS マニュアルで使用する用語については、あらかじめ自組織で日常的に使用している用語で作成することが大切である。

Q8

統合 MS のパフォーマンスのうち、EMS のパフォーマンスをどのように決めればよいのかがわかりません。紙、ごみ、電気以外にはどのような要素があるのですか。

A8

環境パフォーマンスとは、環境側面のマネジメントに関連するパフォーマンスのことである。これには、**図 7.5** に関連する指標が、ISO 14031「環境マネジメント—環境パフォーマンス評価—指針」に示されている（**表 7.3**）。

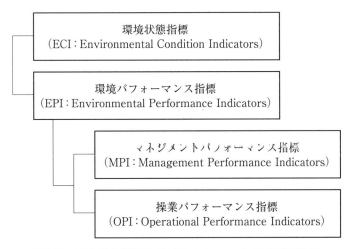

図 7.5　環境状態指標及び環境パフォーマンス指標の関係

180　第7章　統合マネジメントシステムの構築・運用に関するQ&A

表7.3　環境状態指標、マネジメントパフォーマンス指標、操業パフォーマンス指標(例)

各指標	指標(例)	具体的な内容(例)
環境状態指標	大気	組織の施設の区画で重み付けした平均騒音レベル
	水域	水1ℓ当たりの大腸菌群数
	土地	組織の施設の周辺での選定された場所における表層土に含まれる特定の汚染物質の濃度
	植物	所定の局地的範囲における植物の発育状況の特定値
	動物	所定の局地的範囲における全動物種の総数
	人間	局地住民の血液中の鉛レベル
マネジメントパフォーマンス指標	方針及びプログラムの実施	環境教育訓練を必要とする人数と、教育訓練済の人数比率
	適合性	規制順守の程度
	財務的パフォーマンス	資源使用の削減、汚染防止、又は廃棄物リサイクルを通じて達成された節約額
	地域社会関係	地域社会の環境プログラムの支援に当てられた経営資源
操業パフォーマンス指標	材料	製品単位当たりの使用材料の量
	エネルギー	エネルギー保全プログラムによって節約できたエネルギー原単位量
	組織の操業を支えるサービス	サービス提供の契約者が排出する、廃棄物の種類及び量
	施設及び装置	輸送車両の平均燃料消費量
	供給と引渡し	・他のコミュニケーション手段によって、節減された業務出張回数 ・単位製品当たり発生する副産物の量、組織によって供給されるサービス1平方メートル当たりに使われる清掃剤の数(清掃サービス組織用)
	製品廃棄物	年間の有害かつリサイクル可能又は再使用可能な廃棄物の量
	排出物	大気に放出される廃熱の量

Q9

各部門で行う事業計画における PDCA サイクルを回すための様式を
教えてください。

A9

方針を展開すると次の段階では、具体的な実施計画を策定する必要が
ある。これは部門が実施する各々の方策について実施する項目を時系列
に展開し、実施できるレベルまで具体化したもので、「誰が」「何を」「い
つ」「どこで」「どのように」(4W1H) 行うかを示したものである。これ
を実施計画書という。

更に、進捗を管理するための管理項目・管理水準・管理帳票を作成す
るとよい。これは、「方針及び実施計画が計画どおり進捗しているかど
うか」を評価するための尺度として選定した項目、「その達成状況が適
切かどうか」を判断するための基準として設定した水準(期の途中にお

○○期　　○○部門　実施状況確認表		方策 No	責任者：		担当：		
管理グラフ 目標：—○— 実績：—●— 処置限界：—・— 4 5 6 7 8 9 (月)	**ステップ**	4 月	5 月	6 月	7 月	8 月	9 月
	計画						
	実施内容						
	解析・反省						
	対策						
	上司コメント						

図 7.6　事業計画進捗管理表(例)

182　第7章　統合マネジメントシステムの構築・運用に関するQ&A

ける目標値と管理限界値)、これらの水準や実際の値及び水準が未達成の場合の原因や処置を書き込み、関係者が進捗の状況をすぐに把握できるようにしたグラフ・表で構成される(**図 7.6**)。

Q10

是正処置活動を見える化する方法を教えてください。

A10

いろいろな活動の結果を見える化することは大切であり、次の手順で行うと効果的である。

(手順1)　指摘された問題を正しく理解する。

問題の事象、問題発生の背景などを5W1H(When、Where、Who、What、Why、How)に基づいて確認する。

(手順2)　応急対策(修正処置)を行う。

指摘された問題が正しい状態、すなわち適合した状態になるような処置をとる。

指摘された問題は、当該製品・サービスで検出されているが、「他の製品・サービス又はプロセスにも同様の問題が発生していないか」を調査し、問題がある場合には処置をとる。

(手順3)　指摘された問題が原因であるとして推定されるプロセスを抽出し、そのプロセスで決められた作業手順を時系列で記述する。

(手順4)　(手順3)で作成した作業手順に、実際行った作業手順を整合させて記述する。

問題の現象は過去に発生しているため、「実際どのように行ったか」をトレースすることは困難なので、この時点では作業手順を推定することになる。

(手順5)　(手順3)と(手順4)の作業手順の差を明確にする。

(手順6)　作業手順の差についての真の原因を追究する。
　原因の追究方法として、なぜなぜ分析を行う。特性要因図を考えるとよい。

(手順7)　真の原因に対する対策案を策定し、評価する。

(手順8)　対策を実施する。

(手順9)　対策の効果を確認し、評価する。
　有効性のレビューでは、手順ごとにその内容について確認を行う。
　(手順9)で対策の効果が出なかった場合には、(手順6)に戻って再検討する。

　表7.4の事例は、製品にバリが発生した問題を以上の手順で解決した例だが、(手順1)から(手順7)までについて表7.4のようなフォーマットを用いると、是正処置の見える化が可能になる。

184　第 7 章　統合マネジメントシステムの構築・運用に関する Q&A

表 7.4　是正処置の見える化(例)

標準の 作業手順	実施手順	差異分析	原因及び 該当プロセス	対策案	評価
材料セット ↓ 成型条件の 設定 ↓ 金型のセット 試し打ち ↓	材料セット ↓ 成型条件の 設定 ↓ 金型のセット 試し打ち ↓	金型の確認を 行っていない。	金型の確認方 法が決まって いない(設備 点検プロセ ス)。	金型の点検時 期の標準化を 行う。	採用
試し打ちの 確認 ↓	試し打ちの 確認 ↓	試し打ちでバ リを発見でき ていない。	金型が途中で 摩耗したこと を発見できて いない(設備 点検プロセ ス)。	午前 1 回、午 後 1 回、最終 製品で確認を 行う。	採用
検査 ↓ 出荷	検査 ↓ 出荷	検査でバリを 発見していな い。	検査項目のレ ビューの仕組 みがない(検 査プロセス)。	製造部門及び 品質保証部門 合同でレビュー を行う。	採用

引用・参考文献

(1) 日本工業標準調査会（審議）：『JIS Q 9001：2015（ISO 9001：2015）　品質マネジメントシステム―要求事項』、日本規格協会、2015 年。

(2) 日本工業標準調査会（審議）：『JIS Q 14001：2015（ISO 14001：2015）環境マネジメントシステム―要求事項及び利用の手引』、日本規格協会、2015 年。

(3) 日本工業標準調査会（審議）：『JIS Q 27001：2014（ISO 27001：2013）情報技術―セキュリティ技術―情報セキュリティマネジメントシステム―要求事項』、日本規格協会、2014 年。

(4) 日本工業標準調査会（審議）：『JIS Q 19011：2012（ISO 9001：2011）　マネジメントシステム監査のための指針』、日本規格協会、2012 年。

(5) 日本工業標準調査会（審議）：『JIS Q 9004：2010（ISO 9001：2009）　組織の持続的成功のための運営管理―品質マネジメントアプローチ』、日本規格協会、2010 年。

(6) 日本工業標準調査会（審議）：『JIS Q 9023：2018　マネジメントシステムのパフォーマンス改善―方針管理の指針』、日本規格協会、2018 年。

(7) 日本工業標準調査会（審議）：『JIS Q 9026：2016　マネジメントシステムのパフォーマンス改善―日常管理の指針』、日本規格協会、2016 年。

(8) 福丸典芳：「ISO 9001：2015 年版　内部監査の基礎から応用まで」『月刊アイソス』、No.233～No.244、2017 年 4 月号～2018 年 3 月号。

(9) 福丸典芳：「ISO 9001 の移行遅れの原因とその対応策」、『品質』、Vol.48, No.2, 2018 年。

(10) ISO 9001 内部監査指摘ノウハウ集編集委員会 編、『中小企業のための 2015 年版対応　ISO 9001 内部監査指摘ノウハウ集』、日本規格協会、2016 年。

(11) 福丸典芳：『組織が機能するマネジメントシステム監査力　ISO 19011 の解説と活用方法』、日本規格協会、2012 年。

索　引

【英数字】

EMS 固有の要求事項　27
EMS チェックシート　89
ISMS 固有の要求事項　29
ISMS チェックシート　89
ISO 19011 規格　14, 53, 75, 94, 160, 167
ISO 9000 規格　118
ISO 9001 規格　3, 21, 66, 111, 119, 120
ISO 9004 規格　60
ISO 事務局の機能　158
MS 管理プロセス　33, 49
MS のレイヤー　121
PDCA サイクル　62
QMS 固有の要求事項　26
QMS チェックシート　89
SDCA サイクル　66

【ア　行】

安全管理プロセス　33, 47
営業機能　145
営業プロセス　32, 35

【カ　行】

改善指摘　96
各 MS 規格に共通の要求事項　23
環境側面管理プロセス　34, 47
環境パフォーマンス　179
監査員の心構え　61

監査員の力量　13
監査員の割当て方法　167
監査時間　16
監査所見　93
監査対象　16
監査チェックシート　17
観察技術　72
監査の原則　53
監査プログラム　52
　　──の監視　160
監査報告書　97
監査方法　14
管理技術　70
機密保持　55
教育訓練プロセス　33, 43
業務機能展開　172
記録技術　92
高潔さ　53
公正な報告　54
工程設計・生産計画プロセス　32, 37
購買・外注プロセス　33, 38
個人の行動　57
固有技術　71
梱包・出荷機能　154
梱包・保管・輸送プロセス　33, 40

【サ　行】

三現主義　169
サンプリング　76
　　──技術　76

事業計画プロセス　32, 35, 62
質問技術　81
質問の仕方　84
質問方法　83
証拠に基づくアプローチ　57
情報セキュリティ管理プロセス　33,
　46
製造・施工・サービス提供機能　152
製造プロセス　33, 39
是正処置　110, 115
　──評価技術　110
設計・開発、サービス機能　147
設計・開発プロセス　32, 36
設備管理(社内システム含む)プロセス
　33, 41
専門家としての正当な注意　55
測定機器管理プロセス　33, 42

【タ　行】

タートル図　144
チェックシート　82
　──の作成技術　87
チェックリスト　82
調達機能　150
強み・弱み分析　13
統合審査　4
統合マネジメントシステムの有効性
　106
　──評価　106
統合マネジメントシステムマニュアル
　10, 25, 27, 29, 32, 33
　──の構造　10
統合マネジメントシステム構築の背景
　2

統合マネジメントシステム構築の必要性
　7
独立性　56

【ナ　行】

内部監査　13
内部監査員の研修　166
内部監査の仕組み　59, 60
内部監査の目的　59
内部監査プロセス　33, 48
なぜなぜ分析　112
日常管理　62

【ハ　行】

評価技術　90
品質保証部門の機能　156
附属書 SL　4
不適合報告書　110, 116
プロセスアプローチ　118
　──監査　124
　──監査の考え方　121
　──技術　118
プロセス設計　172
プロセス中心の作成方法　32
プロセスの機能　102
プロセスの有効性評価　100
プロセス分析　171
文書管理プロセス　33, 44
方針管理　62

【マ　行】

マネジメントレビュー　13
見える化　182

【ヤ　行】

有効性の監査事例（統合 MS）　107
有効性の監査事例（プロセス）　105
有効性評価　99
　　——技術　99
要求事項中心の作成方法と事例　23
要求事項に関して確認すべき要素（ISO 14001）　136
要求事項に関して確認すべき要素（ISO 9001）　128
要求事項に関して確認すべき要素（ISO/IEC 27001）　138

【ラ　行】

リスクへの対応　66

著者紹介

福丸　典芳(ふくまる　のりよし)

1974 年　鹿児島大学　工学部　電気工学科卒、日本電信電話公社　入社
1996 年　㈱ NTT　資材調達部　品質管理部長
2000 年　㈱ NTT-ME コンサルティング　取締役
2002 年　㈲福丸マネジメントテクノ　代表取締役
2017 年　（一社）ものづくり日本語検定協会　企画実行委員会委員
現　在　㈲福丸マネジメントテクノ　代表取締役

　デミング賞委員会委員、（一財）日本科学技術連盟 BC コース等講師、（一財）日本規格協会品質マネジメントシステム規格国内委員会委員、（公財）日本適合性認定協会技術委員会副委員長、JRCA 登録品質主任審査員、その他多数。

　主な著書は、『品質管理技術の見える化』(単著、日科技連出版社、2009 年)、『再発防止・未然防止の見える化』(単著、日科技連出版社、2013 年)、『QC 検定 2 級品質管理の実践 60 ポイント』(単著、日科技連出版社、2015 年)、『日常用語で読み解く ISO 9001』(単著、システム規格社、2016 年)、『[2015 年版対応] ISO 9001 要求事項の解説とマネジメントシステム構築の仕方』(単著、日科技連出版社、2016 年)など。

ISO 統合マネジメントシステムの構築と内部監査の実践
―ISO 9001・ISO 14001・ISO/IEC 27001 対応―

2018 年 9 月 2 日　第 1 刷発行

著　者　福丸典芳
発行人　戸羽節文

発行所　株式会社 日科技連出版社
〒 151-0051　東京都渋谷区千駄ヶ谷 5-15-5
DS ビル
電　話　出版　03-5379-1244
営業　03-5379-1238

検　印
省　略

Printed in Japan

印刷・製本　㈱リョーワ印刷

© *Noriyoshi Fukumaru* 2018
ISBN 978-4-8171-9650-7
URL　http://www.juse-p.co.jp/

本書の全部または一部を無断で複写複製（コピー）することは、著作権法上での例外を除き、禁じられています。